黄河三角洲
高等植物野外识别
彩色图谱

孙景宽　赵丽萍　主　编

科学出版社

北　京

内 容 简 介

　　本书在对黄河三角洲植物区系调查研究的基础上编写而成。书中包括 84 科 300 多种植物，对每个物种进行了形态、分布和范围的简要描述，每个物种附有一幅彩色图片。为了方便读者能简捷直观地鉴定、识别常见植物种类，本书在编写过程中，采用通俗易懂术语，利用植物茎、叶、花、果能够用肉眼观察到的形态特征对植物进行描述。

　　本书可作为各高等院校、科研院所生物科学、生态学、林学、环境科学等相关专业师生的植物识别鉴定工具书，也可作为科技工作者从事相关研究的参考书。

图书在版编目（CIP）数据

黄河三角洲高等植物野外识别彩色图谱 / 孙景宽，赵丽萍主编 . —北京：科学出版社，2023.3
　　ISBN 978-7-03-075283-3

Ⅰ. ①黄…　Ⅱ. ①孙…　②赵…　Ⅲ. ①黄河－三角洲－高等植物－野生植物－识别－图集　Ⅳ. ① Q949.4-64

中国国家版本馆 CIP 数据核字（2023）第 048772 号

责任编辑：刘　丹 / 责任校对：郑金红
责任印制：赵　博 / 封面设计：金舵手世纪

科学出版社 出版

北京东黄城根北街16号
邮政编码：100717
http://www.sciencep.com

涿州市般润文化传播有限公司印刷
科学出版社发行　各地新华书店经销

*

2023年3月第 一 版　开本：787×1092　1/16
2025年1月第三次印刷　印张：11 1/2
字数：272 000
定价：188.00 元
（如有印装质量问题，我社负责调换）

《黄河三角洲高等植物野外识别彩色图谱》编委会

主　编　孙景宽　赵丽萍

副主编　付战勇　陆兆华　夏江宝　李　田

编　委　（按姓氏拼音排序）

池　源　段代祥　付战勇　李　田　刘京涛

陆兆华　石东里　孙景宽　田家怡　王　平

夏江宝　姚志刚　张泽浩　赵丽萍　赵西梅

前　言

　　黄河三角洲地处渤海之滨的黄河入海口，由黄河携带的大量泥沙在入海口处沉积所形成，是我国暖温带最完整的湿地生态系统。由于黄河三角洲生态环境的独特性和脆弱性，黄河三角洲成为国内生态环境学者、管理者研究和关注的热点。特别是黄河流域生态保护和高质量发展上升为国家战略之后，黄河三角洲生态环境研究更是引起国内高校、科研院所、管理部门等的高度重视和广泛关注。由于植物分类工作专业性较强，广大科技工作者往往面临植物识别的困难，急需一本方便进行植物识别的工具书。基于此，本书编写团队通过二十多年来对黄河三角洲植被生态调查，不断积累数据资料，编写了《黄河三角洲高等植物野外识别彩色图谱》。

　　本书包括了黄河三角洲地区常见高等植物，84科300余种，对每种植物的形态特征、分布等进行了简要描述，每种植物附有一幅彩色图片。为了方便各位读者能简捷直观地鉴定、识别常见植物种类，本书在编写过程中，采用通俗易懂术语，展示植物茎、叶、花、果实等能够用肉眼观察到的形态特征。本书可作为从事黄河三角洲研究的各高等院校、科研院所生物科学、生态学、环境科学、地理学、林学等相关专业师生进行植物鉴定的工具书，也可作为科技工作者从事相关研究的参考书。

　　《黄河三角洲高等植物野外识别彩色图谱》是编写团队多年来教学实习与科研实践的结晶，也凝聚着国内植物分类学同行、前辈等的多年心血。本书在编写过程中主要借鉴了《中国植物志》《中国高等植物图鉴》《山东植物志》等书籍。在本书编写过程中，张萍教授对书稿进行了认真细致的审阅，在此深表感谢。在本书出版之际，特向支持本书出版的各级领导、学者和同行表示衷心的感谢！

　　本书得到"十四五"国家重点研发计划课题（2022YFF1303203）、国家自然科学基金项目（41871089、41971119、42171059）、山东省自然科学基金项目（ZR2019MD024）、山东省高等学校青创科技支持计划（2019KJD010）和滨州学院山东省黄河三角洲生态环境重点实验室生态学一流学科的资助和支持，在此深表感谢！

　　由于作者水平有限，书中不妥、不足及错误之处，恳请读者批评指正。

编　者

2023年2月

目 录

第 1 章

黄河三角洲概况

黄河三角洲由黄河携沙填海造陆而形成，是我国三大三角洲之一，也是世界闻名的河流三角洲。它位于山东半岛和辽东半岛环抱的地理中心，是环渤海经济圈的重要一环，又是京津唐经济区与山东半岛经济区的结合部，也是环渤海经济区与中原经济区海陆通道的最佳衔接点，还是天津滨海新区的辐射带。从亚太地区范围看，它位于东北亚地区的中枢部位，隔海与日本列岛和朝鲜半岛相望。优良的区位优势，决定了黄河三角洲将成为东北亚地区重要的资源供应地、沿海与内陆经济发展的一座重要桥头堡。黄河三角洲自然资源丰富，地理区位优越，是山东省发展潜力最大的地区之一。特别是黄河流域生态保护和高质量发展上升为国家战略之后，黄河三角洲的保护与发展更是引起国家和山东省的高度重视。

1.1 黄河的形成

黄河是我国第二大河，也是世界闻名的万里巨川。它发源于青海省巴彦喀拉山北麓、海拔5442m的雅拉达泽山以东的约古宗列盆地，流经9省区，由山东垦利县注入渤海，全长5464km。黄河发育在秦岭和阴山两个走向近东西的构造带中间，大体上在中生代末期，由于地质构造运动和长期的外营力作用，这里形成了一系列大大小小的盆地。到新生代第四纪中期，在陕甘宁盆地堆积了大量的黄土，以后地面又抬升，形成黄土高原。接着，又由于长期的流水侵蚀，各个盆地逐渐联通，最后切过我国地势上以地质构造不同为其骨架的三大阶梯，自西向东、由高及低形成黄河注入大海。据考证，黄河现代水系形式出现于距今130万～110万年的全新世初，定型于8万～1万年前。

1.2 黄河的改道

有文字记载以来，对黄河决口、改道的记载非常多。历史上有黄河"六大迁徙"之说，指的是黄河初徙于周定王五年（公元前602年），再徙于王莽始建国三年（公元11年），三徙于宋仁宗庆历八年（公元1048年），四徙于宋光宗绍熙五年（公元1194年），五徙于明孝宗弘治七年（公元1494年），六徙于清文宗咸丰五年（1855年）。在1946年以前的三四千年中，黄河决口泛滥达1593次，较大的改道有26次。改道最北时，黄河水流经海河，出大沽口；最南时，黄河水经淮河，入长江。

1.3 黄河三角洲的形成与演变

公元1128年以前，黄河走的是现行河道的北侧，经过天津入渤海。公元1128年到公元1855年期间，黄河走的是现行河道的南侧，经淮河流域入黄海。1855年在铜瓦厢决口以后，黄河才走现行河道，进入渤海。由于黄河在各个历史时期的入海方位和冲淤范围不同，黄河三角洲生成发育的位置和规模也在不断变化。近年来，应用卫星遥感技术，对黄河三角洲形成演变特点及水文地貌等综合科学分析研究，学术界对不同时期三角洲的界定渐趋一致，即：黄河自远古至1855年改道山东大清河入海以前形成的三角洲，称为古代黄河三角洲；自1855年黄河改道山东大清河入海至1934年黄河分流顶点下移垦利渔洼之前形成的三角洲，称为近代黄河三角洲；1934年至今形成的三角洲，称为现代黄河三角洲（田家怡等，2005）。

(1) 古代黄河三角洲

古代黄河三角洲，系指黄河自远古至1855年（清咸丰五年）8月1日，黄河决口于河南兰阳（今兰考）铜瓦厢，改道山东大清河入海之前，多次变迁中冲积而成的诸多三角洲的统称。其地理范围是：以河南省巩县为顶点，北至天津、南至徐淮的黄河冲泛地区。

(2) 近代黄河三角洲

近代黄河三角洲，系指1855年黄河于河南铜瓦厢决口，废弃徐淮流路，北夺山东大清河入海后冲积而成的三角洲。其地理范围是：以垦利县宁海为顶点，北起套儿河口，南至支脉河的扇形淤积地区。土地总面积5400km²，其中5200km²属东营市，200km²属滨州市。

(3) 现代黄河三角洲

现代黄河三角洲，系指1934年黄河尾闾分流点下移26km，开始建造的以渔洼为顶点的现代三角洲体系。其地理范围是：西起挑河，南达宋春荣沟，主要由甜水沟为中轴的亚三角洲体、神仙沟为中轴的亚三角洲体、刁口河为中轴的亚三角洲体、清水沟为中轴的亚三角洲体计4个亚三角洲体组成。

1.4 本书涉及的区域范围

东营市和滨州市在1983年之前同属惠民地区。1982年11月，为适应胜利油田建设的需要和黄河三角洲的开发，国务院批准建立东营市。1992年惠民地区改称滨州地区，2000年撤销滨州地区，建立滨州市。鉴于东营市和滨州市国土开发条件的一致性，加之滨州市的一部分属于古代和近代黄河三角洲范畴，故省内外所称的黄河三角洲，一般指滨州市和东营市的全部，这也是黄河三角洲生态环境灾害研究的范围，行政区划包括滨州市的滨城区、沾化区和无棣县、阳信县、惠民县、博兴县、邹平市，以及东营市的东营区、河口区和垦利区、利津县、广饶县。总面积17368km²，其中，滨州市9445km²，东营市7923km²。

第 2 章 2

黄河三角洲高等植物区系分析

黄河三角洲高等植物共发现4门111科608种和变种，其中维管植物区系组成计602种和变种，隶属于107科377属。

2.1　科的多样性

2.1.1　科的统计

据调查统计，黄河三角洲现初步记录维管植物107科，占全国总科数的26.8%，占山东省总科数的72.8%。其中，蕨类植物8科，裸子植物5科，被子植物94科（单子叶植物17科，双子叶植物77科）。这些科中，有古老和进化水平较低的科，如卷柏科、木贼科、马兜铃科等，也有在被子植物中处于分化的关键类群的科，还有高度分化的科，如菊科、禾本科等。

按科的大小分析，含50种以上的科有禾本科（52种）1科；含40～49种的科有豆科（45种）1科；含30～39种的科有菊科（38种）1科；含20～29种的科有蔷薇科（29种）、十字花科（21种）2科；含10～19种的科有茄科（16种）、唇形科（15种）、苋科（15种）、葫芦科（15种）、杨柳科（14种）、藜科（14种）、蓼科（14种）、莎草科（12种）、桑科（11种）、百合科（10种）共计10个科；含有1～9种的科有92个。植物区系中草本植物占绝对优势。

2.1.2　大科分析

植被中含10种以上植物的大科计15个，包括321种，占黄河三角洲维管植物总种数的53.3%。前15个大科大部分为世界分布科，其中禾本科、豆科和菊科是黄河三角洲植物种类较大的科，也是广布于全球的十分进化的科，常成为各种草本植被的建群成分或优势成分。蔷薇科是被子植物进化中由初级到中级的过渡类型，世界各地有分布，但以北半球温带和亚热带成分最多，因此有时被视为北半球温带的典型科。豆科是在温带和热带都有广泛代表的世界分布科。唇形科和十字花科分布范围广，泛热带至温带，但地中海-中亚地区是它们的分布和多样化中心。莎草科、蓼科分布区都很广，但温带地区和寒温带地区的种类较多。藜科多数为耐盐种类，其中有的是主要的建群种，在黄河三角洲植被中占有特殊、重要地位；苋科为泛热带温带分布，杨柳科为北温带分布，桑科为泛热带至亚热带分布，茄科为热带至温带分布。综上分析可以看出，黄河三角洲植物区系科的总体概念是一个温带性质的区系，温带成分十分发达。

2.1.3 单种科和单属科分析

单种科为全科只有1个种的科，单属科为全科只有1个属的科。单种科和单属科反映了植物进化过程中的两个相反方向，一个是新产生的科，其属种尚未分化，另一个是演化终极的科，原种大量消亡，现存的是残遗种类。对单种科和单属科的分析，可反映出黄河三角洲地区植物进化的历史和现状。单种科和单属科有：蹄盖蕨科、鳞毛蕨科、肾蕨科、苹科、槐叶苹科、银杏科、南洋杉科、麻黄科、黑三棱科、天南星科、雨久花科、薯蓣科、桦木科、紫茉莉科、商陆科、金鱼藻科、白花菜科、旱金莲科、苦木科、远志科、七叶树科、凤仙花科、柽柳科、胡麻科、列当科、透骨草科计26个科，占总科数的24.3%。

2.2 属的多样性

黄河三角洲维管植物计377属，约占全国总属数的11.3%，占山东省总属数的61.2%。其中，蕨类植物10属，裸子植物9属，被子植物358属（单子叶植物72属，双子叶植物286属）。这些属中有世界性大属，如蒿属等；有单种属和寡种属，有十分进化的属，如菊科和禾本科中的许多草本属等。

10种以上的属有杨属（10种）和蓼属（10种）2个属；5～9种的属有苋属（9种）、芸薹属（8种）、蒿属（8种）、眼子菜属（7种）、大戟属（6种），以及卷柏属、松属、圆柏属和葱属（各5种）；4种的属有9个，3种的属有25个，2种的属有75个，单种的属257个。在单种属中，既有古老的残遗成分，又有一些年轻成分，反映了黄河三角洲植物区系在进化水平上的多样性。

2.3 生活型的多样性

生活型是植物在其发展历史过程中，对于一定生活环境长期适应所形成的各种基本形式。根据Raunkiaer（1905）的生活型分类系统，将生活型划分为5种，即高位芽植物、地上芽植物、地面芽植物、隐芽植物和一年生植物。生活型相同的植物具有相似形态和适应特征，它的形成是植物对于相同环境条件进行趋同进化的结果。另外，人们通常又把植物区系根据生活性状，分为乔木、灌木、藤木、陆生草本（一年生、多年生）、水生草本等。

2.3.1 科的生活型

黄河三角洲107科维管植物中，生活型多种多样，有陆生草本科、水生草本科、落叶乔木科、草本和木本同样发达的科、藤本科和以灌木为主的科等不同类型，其中以陆生草本科所占比例最高，包括了黄河三角洲植物的大多数种类，是构成该区各种植被的优势成分。陆生草本科的分布型也多种多样，但以世界广布科最多，包括该地区的一些大科，如禾本科、菊科等，为本区植被的重要建群类群。

2.3.2 属的生活型

黄河三角洲植物属的生活型有落叶乔木、常绿乔木、落叶灌木、水生草本、陆生草本、藤本计6种类型。以陆生草本属为最多，北温带分布型是该区草本属的主要组成成分，如盐碱地类型的盐角草属、杂草类型的委陵菜属等；其次为世界分布型，包括酸模属、蓼属等杂类草属等；热带成分以泛热带分布型为最多，如白茅属、狼尾草属等；除北温带分布属外，其他温带分布型，包括东亚类型，也有较多的属。水生草本属中，世界分布型的有浮萍属、眼子菜属等，北温带分布型的有泽泻属和黑三棱属等，其他类型属较少。落叶灌木属中，泛热带分布的有花椒属等，北温带分布的有麻黄属、黄栌属等，旧世界温带分布型有丁香属等，东亚与北美间断分布和温带亚洲分布的有胡枝子属，地中海分布的干旱类型属有白刺属等。常绿乔木仅2属，北温带分布的松属和东亚分布的侧柏属。落叶乔木是黄河三角洲植物区系中的最显著成分，以北温带分布型占显著地位，包括了大部分建群的建群种，如杨属、柳属、榆属等；泛热带分布属有柿属等；藤本属中东亚分布型较多，如萝藦属等；世界广布的旋花属、北温带分布的葡萄属等也有较多的分布。可见，黄河三角洲以草本、落叶乔灌木发达，北温带成分占据主导地位，泛热带成分对该区也有较大影响，反映出了黄河三角洲植物区系的热带渊源。

2.3.3 种的生活型

黄河三角洲植物种的生活型组成中，地面芽植物和隐芽植物占有优势，表明该区草本植物所占比例较大；高位芽植物亦占有相当比例，说明落叶乔、灌木种类较多，为落叶阔叶林的建群植物；地上芽植物所占比例较小，这与黄河三角洲地区冬季寒冷干燥、夏季炎热多雨的暖温带季风气候特点相适应。各生活型种类中，以北温带分布、旧大陆温带分布、亚洲温带分布、东亚分布等较多，尤以东亚分布最多。

2.4 分布型的多样性

植物的分布区是指某一植物分类单位一科、属或种的分布区域的总和。各种植物分类单位可以依据其地理分布划分出各种分布区类型，即分布型。根据《中国种子植物属的分布区类型》（吴征镒，1991）所述方法，黄河三角洲被子植物的分布区可分为 11 个分布型。

2.4.1 世界分布

该类型的科包含了该地区的许多大科，如禾本科、菊科、豆科、蔷薇科、莎草科，还有蓼科、十字花科、伞形科、苋科等科的属、种。该类型的属主要有蓼属、碱蓬属、补血草属、藨草属、苋属、眼子菜属、藜属等，许多杂草和盐碱植物、水生草本植被属于这一分布型。该型种植物多分布广泛，曼陀罗（*Datura stramonium*）、虎尾草（*Chloris virgata*）、牛筋草（*Eleusine indica*）、灰绿藜（*Chenopodium glaucum*）和藜（*Chenopodium album*）等是常见的杂草，浮萍（*Lemna minor*）、浮叶眼子菜（*Potamogeton natans*）、芦苇（*Phragmitas communis*）等是水生或沼生环境中常见或优势植物。

2.4.2 泛热带分布

典型的泛热带木本科有桑科、榆科、无患子科、夹竹桃科、苦木科、马鞭草科等，草本科有蒺藜科、马齿苋科、萝藦科等。该类型的常见属主要有马齿苋属、蒺藜属、地锦属、狗尾草属、萝藦属、白茅属、田菁属、铁苋菜属等，大部分为草本植物。除白茅属在本区轻度盐分土壤常构成建群种外，其他均为群落伴生种类或田间路边杂草。该型种在本区分布零散，生于水边湿地的有水虱草（*Fimbristylis miliacea*）、荆三棱（*Scirpus yagara*）等。鳢肠（*Eclipta prostrata*）在山东各地分布，是鳢肠属在我国的唯一种类。

2.4.3 热带亚洲和热带美洲间断分布

该分布型在黄河三角洲的代表主要有紫草科的砂引草属，砂引草（*Messerschmidia sibirica*）为盐生植物，在盐碱地上虽不常见，但局部分布在砂质海滩上。

2.4.4 旧世界热带分布

该类型的代表主要是禾本科中的芒属和菅属。芒属的荻（*Miscanthus sacchariflorus*）

可形成优势植物层片，在黄河三角洲保护区内分布多而广泛。

2.4.5 热带亚洲和热带大洋洲分布

该类型的主要代表有苦木科的臭椿属，其余均为草本属，如大豆属和黄瓜属等。野大豆（*Glycine soja*）在利津、垦利及黄河三角洲自然保护区内分布较广泛，为国家三级保护植物。

2.4.6 热带亚洲分布

该类型的主要代表有菊科的苦荬菜属，中华苦荬菜（*Ixeris chinensis*）在黄河三角洲地区分布较广。

2.4.7 北温带分布

该类型的科广泛分布于黄河三角洲，典型的北温带科主要有黑三棱科等，北温带和南温带间断分布变型有松科、杨柳科、胡桃科、桦木科、麻黄科、灯心草科等。该类型的属，如蒿属、柳属、披碱草属、稗属、茜草属、荸草属、地肤属、苦苣菜属、蓟属、委陵菜属、播娘蒿属、茅属等属多为常见，许多种成为黄河三角洲植被的优势植物，碱菀（*Tripolium vulgate*）、碱茅（*Puccinellia distans*）、盐角草（*Salicornia europaea*）等是盐碱地植被的优势植物。

2.4.8 东亚和北美间断分布

该类型的主要代表有葡萄科的蛇葡萄属、夹竹桃科的罗布麻属、睡莲科的莲属和豆科的胡枝子属等。其中，罗布麻（*Apocynum venetum*）是该地区主要群落类型之——"罗布麻"群落的建群种。

2.4.9 旧世界温带分布

该类型包含两个变型：菊科的鸦葱属为地中海区、西亚和东亚间断分布变型；豆科的苜蓿属、伞形科的蛇床属等属为欧亚和南非北部间断分布变型。柽柳科柽柳属的柽柳（*Tamarix chinensis*）是黄河三角洲最大的灌木群落——"柽柳"群落的建群种，草木犀属是这一类型的另一优势种类。

2.4.10 地中海区、西亚至中亚分布

该类型的主要代表有豆科的甘草属、禾本科的獐毛属和十字花科的涩芥属等，其中獐毛（*Aeluropus liitoralis*）是现代黄河三角洲分布较广的群落——"獐毛"群落的建群种。

2.4.11 东亚分布

该类型有两变型：中国-喜马拉雅变型，黄河三角洲仅有柏科侧柏属的侧柏（*Platycladus orientalis*）；中国-日本变型，主要代表有菊科的泥胡菜属、萝藦科萝藦属的萝藦（*Metaplexis japonica*）、香蒲科香蒲属的水烛（*Typha angustifolia*）等。

总之，黄河三角洲植物区系温带属在该区系中占有较大优势，表明该地区植物区系属温带性质，但热带属在整个区系组成中也占有较大比重，表明一些热带种属早已渗入了该地区。地中海及中亚成分比例不高，但作为建群种的獐毛、刺果甘草等的存在，说明了该地区植物区系与其也有一定联系。

第 3 章

黄河三角洲常见高等植物

3.1 苔藓植物门 Bryophyta

苔藓植物是小型的陆生高等植物，低等类型仅为扁平的叶状体，高等类型出现了假根和类似茎叶分化，但内部无维管组织。孢子体简单，寄生于配子体上，常见的绿色植物体即配子体。苔藓植物多生活在潮湿环境。

3.1.1 地钱科 Marchantiaceae

1 地钱 *Marchantia polymorpha* L.

地钱属。绿色分叉叶状体，平铺于地面。上面表皮有斜方形网纹，网纹中央有1个白点。下面有多数假根及紫褐色鳞片，雌雄异株。邹平南部山区阴湿土坡草丛下或溪边碎石上多有分布，有时在城区未污染的楼房背阴处和乡间房屋附近也有分布。全草药用，具有清热解毒的功效。

3.1.2 葫芦藓科 Funariaceae

2 葫芦藓 *Funaria hygrometrica* Hedw.

葫芦藓属。植物体稀疏或密集丛生，小形，鲜绿色。叶多集生于茎的中上部而呈莲座状。雌雄同株，雄器苞顶生，花蕾状。雌器苞生于雄器苞下的短侧枝上。黄河三角洲各地均有分布，生于平原、田圃、居住处周围和火烧后的林地，或有机质丰富、含氮肥较多的湿土。

3.2 蕨类植物门 Pteridophyta

蕨类植物大多为草本，少数为木本。蕨类植物孢子体发达，有根、茎、叶之分，不具花，以孢子繁殖，世代交替明显，无性世代占优势。它是高等植物中比较低级的类群，也是最原始的维管植物。通常可分为石松、水韭、松叶蕨、木贼和真蕨五纲。

3.2.1 卷柏科 Selaginellaceae

3 **卷柏** *Selaginella tamariscina* (Beauv.) Spring.

卷柏属，又名九死还魂草。植物体卷缩似拳状，枝丛生，扁而有分枝，绿色或棕黄色，向内卷曲，枝上密生鳞片状小叶。须根。孢子囊单生于孢子叶之叶腋，雌雄同株，排列不规则。分布于邹平山区。全草药用，具有活血通经的功效。

4 **中华卷柏** *Selaginella sinensis* (Desv.) Spring.

卷柏属。土生或旱生，匍匐，叶二型，侧叶向两侧平展，中叶卵状披针形，交互斜向上。孢子囊穗单生枝顶，孢子囊圆肾形，大孢子囊位于孢子囊穗的下部，小孢子囊位于孢子囊穗的中上部。邹平山区有分布，生于山坡阴湿处。全草入药，有清热利尿、清热化痰的功效。

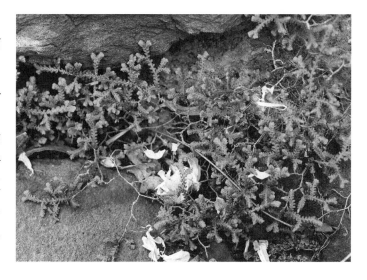

3.2.2 木贼科 Equisetaceae

5 问荆 *Equisetum arvense* L.

木贼属。多年生草本，根茎匍匐生根。地上茎直立，二型。营养茎在孢子茎枯萎后生出。叶退化，下部联合成鞘，黑色；分枝轮生，中实。孢子囊穗圆柱形，孢子叶六角形，盾状着生，边缘着生长形孢子囊。黄河三角洲地区广布，生于沟边或阴谷。全草药用，清热利尿。

6 节节草 *Equisetum ramosissimum* Desf.

木贼属。多年生植物，根茎直立、横走或斜升，黑棕色。地上枝多年生。枝一型，高20～60cm，茎基部多分枝，上部少分枝或不分枝，叶鳞片状，轮生，基部联合成鞘状。孢子囊穗短棒状或椭圆形，孢子叶六角形。以根茎或孢子繁殖。黄河三角洲各地有分布，生于山谷、溪水边、河滩湿地。全草药用，清热利尿，明目。

3.2.3 中国蕨科 Sinopteridaceae

7 🌿 **银粉背蕨** *Aleuritopteris argentea* (Gmél.) Fée

粉背蕨属。根茎直立或斜升。叶簇生，叶片五角形，长宽几相等；裂片三角形或镰刀形，基部一对较短，羽轴上侧小羽片较短；裂片三角形或镰刀形，以圆缺刻分开。叶干后草质或薄革质，上面褐色、光滑，叶脉不显，下面被乳白色或淡黄色粉末，裂片边缘有细齿牙。孢子囊群较多，囊群盖连续，膜质。常见分布于邹平山区背阴石缝中。全草可以入药，具有活血调经、补虚止咳、解毒消肿、利尿通乳功效。

3.2.4 蹄盖蕨科 Athyriaceae

8 🌿 **华北蹄盖蕨** *Athyrium pachyphlebium* C. Chr.

蹄盖蕨属。中型草本植物，根茎短，株高可达100cm。叶簇生，三回羽状复叶，叶柄黑褐色；叶片卵状长圆形，先端急狭缩，基部阔圆形，羽片互生；孢子囊群长圆形、弯钩形或马蹄形，囊群盖同形，褐色，膜质，孢子周壁表面有明显的条状褶皱。分布于邹平山区，常生于林缘、沟谷土层稍厚之处。由于株型丰满、叶端微垂，常用作栽培观赏植物。

3.2.5　苹科 Marsileaceae

9　苹　*Marsilea quadrifolia* L.

苹属。多年生草本植物。根茎匍匐泥中，细长而柔软。叶柄顶端有倒三角形小叶片4，排成"十"字状，外形像"田"字，全缘。孢子果卵圆形，1～3枚簇生于短柄上，初被密毛，后变光滑。博兴麻大湖、高青大芦湖有分布，生于湖泊、池塘、稻田。全草入药，有清热解毒、利水消肿的功效。

3.3　裸子植物门 Gymnospermae

乔木或灌木。叶多为针形、线形或鳞形。大孢子叶没有形成密闭的子房，胚珠裸露，故称裸子植物。次生木质部多无导管。

3.3.1　苏铁科 Cycadaceae

10　苏铁　*Cycas revoluta* Thunb.

苏铁属。常绿乔木，茎干圆柱状，不分枝。大型羽状复叶从茎顶部生出。小叶线形，坚硬革质，有光泽。雌雄异株，雄球花圆柱形，黄色，密被黄褐色绒毛，直立于茎顶；雌球花扁球形，上部羽状分裂，其下方两侧着生有2～4个裸露的胚球。种子大，核果状，橘红色。花期6～8月，果期10月，但在黄河三角洲地区少见开花结果。各地公园常见栽培，为优美的观赏树种。

3.3.2 银杏科 Ginkgoaceae

11 **银杏** *Ginkgo biloba* L.

银杏属。落叶大乔木。叶互生，扇形，叉状脉。雌雄异株，稀同株，雄球花成柔荑花序状，4～6生于短枝顶端叶腋或苞腋，长圆形，下垂，淡黄色；雌球花有长梗，梗端常分两叉，各生1胚珠。种子核果状，橙黄色。花期3月下旬至4月中旬，种子9～10月成熟。常见绿化树种，黄河三角洲地区各大公园有栽培。木材良好；种子入药，有温肺益气、镇咳祛痰的功效。

3.3.3 松科 Pinaceae

12 **白扦** *Picea meyeri* Rehd. ex Wils.

云杉属。乔木，树皮灰褐色，不规则块状脱落。冬芽圆锥形，上部芽鳞常微向外反曲，小枝基部宿存的芽鳞先端微反曲或开展。叶四棱状条形，四面有粉白色气孔线。球果成熟前绿色，成熟时褐黄色。花期4月，果期9～10月。黄河三角洲地区的公园有栽培，供观赏。

13 青扦 *Picea wilsonii* Mast.

云杉属。常绿高大乔木，树皮灰色，呈鳞片状脱落。大枝平展，冬芽圆锥形褐色，微有树脂，芽鳞宿存，先端反曲，一年生枝黄褐色。叶四棱状条形，微弯。花单性，雌雄同株。花期4月，果期10月。青扦是我国特有树种。黄河三角洲地区的公园有栽培，供观赏。

14 黑松 *Pinus thunbergii* Parl.

松属。常绿乔木，树皮带灰黑色。2个针叶丛生，刚强而粗，新芽白色。花单生，雌花生于新芽的顶端，呈紫色。雄花生于新芽的基部，呈黄色。种子有薄翅。每年4～5月形成雌花序和雄花序，第二年10月才形成球果。黄河三角洲地区的公园有栽培。造林树种，沿海重要的防风林。

15 雪松 *Cedrus deodara* (Roxb.) G. Don

雪松属。常绿乔木，树冠塔形，大枝平展，小枝略下垂。叶在长枝上为螺旋状散生，在短枝上簇生。叶针状，质硬。11月形成雌雄球花，雄球花长卵圆形，长2~3cm；雌球花卵圆形，第二年7~8月形成成熟球果。球果成熟前淡绿色，微有白粉，熟时红褐色，椭圆至椭圆状卵形，成熟后种鳞与种子同时散落；种子具翅。黄河三角洲地区的公园等绿化场地有栽培，供观赏。

3.3.4 柏科 Cupressaceae

16 圆柏 *Sabina chinensis* (L.) Ant.

圆柏属。常绿乔木，树冠尖塔形或圆锥形。叶深绿色，有二型，鳞叶钝尖，背面近中部有椭圆形微凹的腺体；刺形叶披针形，三叶轮生。雌雄异株，少同株。球果近圆球形。花期4~5月，果期10月。黄河三角洲地区有栽培。绿化树种，观赏价值很高。

17 龙柏 *Sabina chinensis* (L.) Ant. cv. Kaizuca.

圆柏属，为圆柏的栽培变种。常绿乔木，树干挺直，树形呈狭圆柱形，小枝向上直展，常有扭转上升之势；小枝密，在枝端密簇。鳞叶排列紧密，幼嫩时淡黄绿色，后呈翠绿色。雌雄异株，稀同株；雄球花黄色，椭圆形。球果蓝绿色，微被白粉。花期4~5月，果期10月。黄河三角洲地区各大公园、绿地栽培，供观赏。

18 侧柏 *Platycladus orientalis* (L.) Franco.

侧柏属。常绿乔木，干皮淡灰褐色，条片状纵裂。小枝排成平面。全部鳞叶，叶二型。雌雄同株异花。球花单生枝顶；雄球花具6对雄蕊，雌球花具4对珠鳞，仅中部2对珠鳞各具1~2胚珠。球果当年成熟，卵状椭圆形，种鳞木质，红褐色，种鳞4对，熟时张开，背部有一反曲尖头。种子卵形，灰褐色，无翅。花期4~5月，果期10月。黄河三角洲地区都有栽培。侧柏是绿化及造林树种；种子（柏子仁）有滋补强壮、养心安神、润肠通便、止汗等功效。

3.3.5 杉科 Taxodiaceae

19 水杉 *Metasequoia glyptostroboides* **Hu & W.C. cheng**

水杉属。落叶乔木，高达50m。侧生小枝上排成羽状二列。叶、芽鳞、雄球花、雄蕊、珠鳞与种鳞均交互对生。叶条形，在侧枝上排列成羽状。雄球花在枝条顶部的花序轴上交互对生及顶生，排成总状或圆锥状花序；雌球花单生侧生小枝顶端，珠鳞9～14对，各具5～9胚珠。球果下垂，当年成熟，近球形，种鳞极薄，透明；苞鳞木质，盾形，背面横菱形，有一横槽，熟时深褐色；种子倒卵形，扁平，周围有窄翅。花期2月，果期11月。水杉为活化石植物，中国特有种。黄河三角洲地区的公园常见引种栽培，用作绿化树种或造林树种。

3.3.6 麻黄科 Ephedraceae

20 草麻黄 *Ephedra sinica* **Stapf**

麻黄属。草本状常绿小灌木，茎丛生，多分枝，小枝直伸或微曲，节明显，节上有膜质鳞叶，基部常连合成筒状。雄球花多成复穗状，常具总梗，苞片通常4对；雌球花单生，有梗，苞片4对。种子通常2，包于肉质、红色苞片内，不露出，黑红色。花期5～6月，种子8～9月成熟。黄河三角洲无棣、沾化等沿海县贝砂岗及砂丘有分布。枝叶是提取麻黄碱的原料，具有发汗散寒、宣肺平喘、利水消肿的功效。

3.4　被子植物门Angiospermae

被子植物孢子体发达，配子体极为简化，寄生在孢子体上生活。被子植物具有真正的花，生殖完全脱离了水的限制，能适应地球上不同的环境。种子具果皮的包被，形成了果实，对于物种的传播起到关键性作用。因此被子植物门是地球上最为繁盛的植物类群，占地球植物种类的一半以上，是陆地植被的主要组成成分。

Ⅰ . 双子叶植物纲（木兰纲）

3.4.1　木兰科Magnoliaceae

21 玉兰　*Magnolia denudata* **Desr.**

木兰属。落叶乔木。冬芽及花梗密被淡灰色长绢毛。小枝褐紫色。叶倒卵形，全缘，先端常急收为短尖头。早春先叶开花，大而白，花被片9，白色，基部常粉红色，同形等大。聚合蓇葖果；种子心形，两侧扁。花期2～3月或7～9月再开花，果期8～9月。公园常见栽培。玉兰为著名观赏树种；花蕾入药；花可提取香精或制浸膏；种子榨油供工业用。

22 紫玉兰 *Magnolia liliflora* Desr.

木兰属。紫玉兰为中国特有植物,小枝紫褐色,叶椭圆状倒卵形或倒卵形,花被异形,外被3枚短而狭,绿色,花萼状;内两轮6枚花瓣状,外面紫红色,内面近白色。雄蕊紫红色,雌蕊群长约1.5cm,淡紫色。成熟蓇葖果近圆球形,顶端具短喙。花期3~4月,果期8~9月。各公园有栽培,是在中国有2000多年历史的传统花卉和中药,花蕾可治头痛和鼻炎。

23 鹅掌楸 *Liriodendron chinense* (Hemsl.) Sarg.

鹅掌楸属。大型落叶乔木。小枝灰色或灰褐色。叶互生,叶片先端截形,基部每边具1侧裂片,状如马褂。花杯状,花被片9,外轮3片绿色,萼片状,向外弯垂,内两轮6片、直立、花瓣状、倒卵形,绿色,具黄色纵条纹。花期5月,果期9~10月。鹅掌楸是中国特有种,黄河三角洲公园有栽培,是优美绿化树种。

3.4.2　蜡梅科 Calycanthaceae

24　**蜡梅**　*Chimonanthus praecox* (L.) Link

蜡梅属。落叶灌木,幼枝四方形,老枝近圆柱形。叶纸质至近革质,椭圆形至宽椭圆形。先叶开花,花被片多数,黄色,有芳香,壶状花托随果实发育增大,坛状或倒卵状椭圆形,口部收缩,并具有钻状披针形的被毛附生物。花期11月至翌年3月,果期4~11月。各地绿化公园有栽培。蜡梅芳香美丽,是园林绿化植物;根、叶可药用,理气止痛、散寒解毒。变种甚多,著名者有磬口蜡梅和素心蜡梅。

3.4.3　马兜铃科 Aristolochiaceae

25　**北马兜铃**　*Aristolochia contorta* Bge.

马兜铃属。多年生草质藤本,茎绿色,叶无毛。单叶互生,阔卵状心形或三角状心形。花数朵簇生于叶腋;花被管状,基部膨大呈球形,上端收狭呈一长管。蒴果阔卵圆形,成熟后均匀6瓣裂。花期6~8月,果期9~11月。邹平鹤伴山低山丘陵有分布,生于山谷两旁的林缘草丛、沟边阴湿处及山坡灌丛中。根、茎、叶、果实可入药,根可解毒利尿、理气止痛;茎、叶有祛风活血之效;果实有清肺止咳、化痰之效。

3.4.4 毛茛科 Ranunculaceae

26 棉团铁线莲 *Clematis hexapetala* Pall.

铁线莲属。直立草本，老枝圆柱状，有纵沟，无毛。叶片近革质，绿色，单叶至复叶，1～2回羽状深裂，裂片线状披针形，全缘。花序顶生，聚伞花序或为总状、圆锥状，有时花单生；萼片白色，长椭圆形或狭倒卵形，外面密生绵毛，花蕾时像棉花球。瘦果倒卵形，扁平，密生柔毛，宿存花柱长1.5～3cm，有灰白色长柔毛。花期6～8月，果期7～10月。生于邹平山区山坡灌草丛。根可药用，有解热、镇痛、利尿、通经的功效。

27 紫花耧斗菜 *Aquilegia viridiflora* var. *atropurpurea* (Willd.) Finet et Gagnep.

耧斗菜属。多年生草本植物。根肥大，圆柱形。基生叶少数，二回三出复叶；茎生叶数枚，为1～2回三出复叶。花3～7朵，倾斜或微下垂；萼片暗紫色或紫色，花瓣瓣片与萼片同色，直立，距直或微弯。蓇葖果长1.5cm；种子黑色，狭倒卵形，长约2mm，具微突起的纵棱。花期5～7月，果期7～8月。生于邹平山区山坡灌草丛。叶形和花形美观，常用作栽培观赏；全草亦可入药，具有清热解毒、调经止血的功效。

28 唐松草 *Thalictrum aquilegifolium* L. var. *sibiricum* Regel et Tiling

　　唐松草属。多年生草本，全株无毛。茎直立，有分枝。叶互生，茎生叶3～4回三出复叶，小叶草质，顶端3浅裂。圆锥花序伞房状，萼片白色或外面带紫色。瘦果狭倒卵形，有3条宽翅，有长柄，下垂，宿存柱头长0.3～0.5mm。花期6～8月，果期7～9月。邹平鹤伴山山区有分布，山坡草丛。根茎入药，能清热解毒。

29 茴茴蒜 *Ranunculus chinensis* Bge.

　　毛茛属。多年生或一年生草本，茎与叶柄具明显的淡黄色糙毛。三出复叶；小叶具柄，顶生小叶菱形或宽菱形，3深裂，两面被糙伏毛。花序顶生，3至数花。聚合瘦果为较紧密的椭圆形。花期4～9月。黄河三角洲各地都有分布，生于水沟旁、湿地。全草药用，外敷引赤发泡，有消炎、退肿、截疟及杀虫的功效。

30 刺果毛茛 *Ranunculus muricatus* L.

毛茛属。一年生草本。茎高10~30cm，近无毛。基生叶和茎生叶均有长柄；叶片近圆形，基部截形或稍心形，3中裂至3深裂，通常无毛。花多，花瓣5，通常黄色，狭倒卵形。聚合果球形，瘦果宽扁，两面有一圈具疣基的弯刺。花果期4~6月。黄河三角洲各地均有分布，生于路旁、田边、湿地、草丛。植物有小毒，可用于治疗疮疖。

31 白头翁 *Pulsatilla chinensis* (Bunge) Regel

白头翁属。植株密被白色长柔毛，叶基生，宽卵形，有长柄，3全裂。萼片6，蓝紫色。瘦果集成头状，花柱宿存，被向上斜展长柔毛，形似白发老翁。花期4~5月，果期6~7月。主要分布在邹平南部山区，生于山坡草地。根茎药用，治血痢、出血等症。

3.4.5 防己科 Menispermaceae

32 蝙蝠葛 *Menispermum dauricum* **DC.**

蝙蝠葛属。缠绕草质藤本。根茎直生。叶圆肾形或卵圆形，叶柄盾状着生。圆锥状花序腋生；花黄绿色。果实核果状，近球形，成熟时紫色。花期6～7月，果期8～9月。邹平鹤伴山山区有分布，生于山坡或林边灌丛中。根和茎入药，有祛风、利尿、清热、镇痛的功效。

33 木防己 *Cocculus trilobus* **(Thunb.)**

木防己属。木质藤本，幼枝密生柔毛。叶线状披针形、宽卵形、窄椭圆形、近圆形、倒披针形、倒心形或卵状心形，基部侧脉明显。花黄白色。核果近球形，两侧扁，红色或紫红色，果核骨质。花期5～8月，果期8～9月。邹平鹤伴山山区有分布，生于山坡灌丛及林缘。根、茎入药，有祛风、通络的功效。

3.4.6 罂粟科Papaveraceae

34 **虞美人** *Papaver rhoeas* L.

罂粟属。一年生草本，植物体被粗毛。叶羽状深裂。花单生茎枝顶端，花有多色，大而美。果宽倒卵圆形。花期4～6月，果期6～8月。各地公园、庭院有栽培。虞美人可供观赏；花及全株入药，含多种生物碱，有镇咳、止泻、镇痛、镇静等功效。

35 **黄堇** *Corydalis pallida* (Thunb.) Pers.

紫堇属。灰绿色丛生草本，具直根。叶片下面有白粉，2～3回羽状全裂，小裂片卵形。花黄色至淡黄色，较粗大，平展。蒴果线形，念珠状。花期4～5月，果期6～7月。邹平鹤伴山山区有分布，生于沟边湿地。全草含普罗托品，服后能使人畜中毒，但亦有清热解毒和杀虫的功能。

3.4.7 悬铃木科 Platanaceae

36 一球悬铃木 *Platanus occidentalis* L.

悬铃木属。落叶大乔木，树皮有浅沟，呈小块状剥落。叶大、阔卵形，通常3浅裂，稀为5浅裂；托叶长1.5cm以上。花通常4~6数，单性，聚成圆球形头状花序。果序球单生，稀2；坚果之间毛不突出。花期4~5月，果期6~7月。原产欧洲、亚洲西南部。各地常见行道树。一球悬铃木叶大荫浓，冠幅大，是良好的庭园及行道树种。

37 二球悬铃木 *Platanus acerifolia* (Ait.) Willd.

悬铃木属。落叶大乔木，树皮光滑，大片块状脱落。叶阔卵形，3~5掌状裂，中裂片长宽近相等。雌雄异花同株，花通常4数；雄花的萼片卵形，花瓣矩圆形，长为萼片的2倍；雌花头状花序发育为头状果序1~2个，稀为3个，常下垂。头状果序球1~2个，稀为3个，常下垂；坚果之间毛不突出。花期3~4月，果期9~10月。二球悬铃木是三球悬铃木与一球悬铃木的杂交种，原产英国，是黄河三角洲广为栽培的行道树。

38 三球悬铃木 *Platanus orientalis* L.

悬铃木属。落叶大乔木，树皮薄片状脱落。叶大，轮廓阔卵形，5～7掌状裂；托叶长不超过1cm。花4数；雌雄异花同株，雄性球状花序无柄，雌性球状花序常有柄。有圆球形头状果序3～5个，稀为2个；头状果序直径2～2.5cm，宿存花柱突出呈刺状，小坚果间有黄色绒毛，突出头状果序外。花期3～4月，果期9～10月。原产欧洲东南部及亚洲西部，是广为栽培的行道树。

3.4.8 金缕梅科 Hamamelidaceae

39 枫香树 *Liquidambar formosana* Hance

枫香树属。落叶乔木，树皮灰褐色，方块状剥落。叶薄革质，阔卵形，掌状3裂，中央裂片较长，先端尾状渐尖。雌雄同株，雄性短穗状花序常多个排成总状，雌性头状花序有花24～43朵；雌花成头状花序。头状果序圆球形，木质，宿存的花柱和萼齿针刺状。花期3～4月，果期10月。黄河三角洲地区的公园和植物园有分布。枫香树性喜阳光，多生于平地、村落附近，以及低山的次生林。引种用作公园或绿化行道树；根、叶及果实入药，有祛风除湿、通络活血功效。

3.4.9 杜仲科 Eucommiaceae

40 杜仲 *Eucommia ulmoides* Oliv.

杜仲属，全世界仅1属1种，为中国特有种。落叶乔木，树皮灰褐色，粗糙，内含橡胶，折断拉开有多数细丝。叶椭圆形、卵形或矩圆形，薄革质，无托叶。雌雄异株。翅果长椭圆形；种子扁平，线形。花期4～5月，果期9～10月。黄河三角洲地区的公园或植物园有分布。树皮药用，用作强壮剂及降血压，并能治腰膝痛、风湿及习惯性流产等；树皮分泌的硬橡胶供工业原料及绝缘材料，抗酸、碱及化学试剂腐蚀的性能高，可制造耐酸、碱容器及管道的衬里；种子含油率达27%；木材供建筑及制家具。

3.4.10 桑科 Moraceae

41 桑 *Morus alba* L.

桑属。乔木或灌木，树皮灰白色，有条状裂缝。叶互生，卵形或广卵形，上面无毛，下面脉腋有毛，边缘有粗钝齿。花单性，腋生或生于芽鳞腋内，与叶同时生出；雄花序下垂，雌花序长1～2cm，被毛。聚花果，肉质多浆，黑紫色或白色。花期4～5月，果期5～8月。各地普遍栽培，生于山坡、沟边。叶可饲养蚕；聚花果为水果；根、皮、叶、果供药用。

42 构树 *Broussonetia papyrifera* (L.) Vent.

构属。乔木，树皮暗灰色；小枝密生柔毛。叶螺旋状排列，广卵形至长椭圆状卵形，不规则3～5裂，表面疏生糙毛，背面密被绒毛。基出三脉。雄花序为下垂的柔荑花序；雌花序头状。聚花果直径1.5～3cm，成熟时橙红色，肉质。瘦果具与等长的柄，表面有小瘤，龙骨双层，外果皮壳质。花期4～5月，果期6～7月。各地野生或栽培，生于山坡、荒地、村旁。根皮及果实可入药；树皮为优良制造纸原料。

43 柘树 *Cudrania tricuspidata* (Carr.) Bur.

柘属。落叶灌木或小乔木，小枝无毛，略具棱，有棘刺。叶卵形，全缘或3裂，表面深绿色，背面绿白色。雌雄异株，雌雄花序均为球形头状花序，单生或成对腋生，具短总花梗。聚花果近球形，肉质，成熟时橘红色。花期5～6月，果期6～7月。邹平南部山区海拔500～1500（～2200）m、阳光充足的山地或林缘有分布。茎皮纤维可以造纸；木材心部黄色，质坚硬细致，可供制作家具或作黄色染料；柘树也是良好的绿篱树种。

44 大麻 *Cannabis sativa* L.

大麻属。一年生直立草本，高1~3m，茎皮纤维发达。叶掌状全裂，裂片披针形或线状披针形。雄花黄绿色，花被5，雄蕊5；雌花绿色，花被1，紧包子房。瘦果扁卵形，为宿存黄褐色苞片所包，果皮坚脆。花期5~6月，果期7月。各地有栽培或野生。茎皮纤维供打绳和纺织；种子药用，有滋阴、润燥之效。

45 葎草 *Humulus scandens* (Lour.) Merr.

葎草属。缠绕草木，茎、枝、叶柄均具有倒刺。叶纸质，肾状五角形，掌状5~7裂，两面有粗刺毛。雄花小，黄绿色，圆锥花序；雌花序球果状，苞片纸质，三角形，子房为苞片包围，柱头2，伸出苞片外。瘦果成熟时露出苞片外。花期春夏，果期秋季。各地广泛分布的杂草，生于沟旁、路边、村头、荒地等。全草可入药；茎皮纤维可作造纸原料；种子油可制肥皂；果穗可代啤酒花使用。

3.4.11 胡桃科 Juglandaceae

46 胡桃 *Juglans regia* L.

胡桃属。乔木，树皮幼时灰绿色，老时则灰白色而纵向浅裂。小枝无毛，具光泽，被盾状着生的腺体，灰绿色，后来带褐色。小叶5～13枚，椭圆状卵形至长椭圆形，全缘。雄性柔荑花序下垂，苞片、小苞片及花被片均被腺毛；雌花单生或2～3聚生于枝端，总苞被极短腺毛，柱头浅绿色。核果。花期5月，果期10月。各地栽培。胡桃仁榨油或食用，并有补肾固精、温肺定喘之效；木材坚实，是很好的硬木材料。

47 枫杨 *Pterocarya stenoptera* DC.

枫杨属。大乔木。裸芽具柄，密被锈褐色盾状着生的腺体。偶数羽状复叶，小叶10～16，总叶轴有翅。雄性柔荑花序，生于去年生枝条上叶痕腋内；雌性柔荑花序顶生，花序轴密被星芒状毛及单毛。坚果具2翅。花期4～5月，果熟期8～9月。邹平南部山区有分布，许多公园也广泛栽植作庭园树或行道树。木材可制作家具；茎皮、叶可制杀虫剂。

3.4.12　商陆科 Phytolaccaceae

48 商陆　*Phytolacca acinosa* Roxb.

商陆属。多年生草本，全株无毛。根肥大，肉质，倒圆锥形，外皮淡黄色或灰褐色，内面黄白色。茎圆柱形，有纵沟，肉质，绿色或红紫色，多分枝，无毛。叶片薄纸质，长椭圆形。总状花序直立；雄蕊8；心皮8，离生。果序直立，浆果扁球形，熟时黑色。花期5~8月，果期6~10月。邹平丘陵地带有分布，或栽培。根可入药，具通二便、逐水、散结的功效。

49 垂序商陆　*Phytolacca americana* L.

商陆属。多年生草本。根粗壮，肥大，倒圆锥形。茎直立，圆柱形，有时带紫红色。叶椭圆状卵形或卵状披针形。总状花序顶生或侧生，花白色，微带红晕；花被片5，雄蕊、心皮及花柱通常均为

10，心皮合生。果序下垂；浆果扁球形，熟时紫黑色。花期6~8月，果期8~10月。原产北美洲，引入栽培，1960年以后逸生。黄河三角洲地区零星分布，生于沟旁、林缘、山坡荒地或山坡上。根供药用，治水肿、白带、风湿，并有催吐作用；种子利尿；叶有解热作用，并治脚气；全草可作农药。

3.4.13 石竹科 Caryophyllaceae

50 漆姑草 *Sagina japonica* (Sw.) Ohwi

漆姑草属。一年生小草本，茎自基部分枝，多簇生，稍铺散。叶线形。花小形，单生枝端叶腋，花瓣5，白色，全缘，比萼片短。蒴果卵圆形，微长于宿存萼。花期3～5月，果期5～6月。各地都有分布，生于山坡、路边石缝、花盆内等。全草药用，清热解毒。

51 麦瓶草 *Silene conoidea* L.

蝇子草属。一年生草本，全株有腺毛。根为主根系，稍木质。基生叶匙形，茎生叶披针形，基部稍抱茎。聚伞花序顶生，花瓣淡红色。萼筒结果时基部膨大，卵形，上部狭缩，有纵脉条。花期5～6月，果期6～7月。各地有分布，常生于麦田中或荒地草坡。全草入药，具止血、活血、调经的功效。

52 麦蓝菜 *Vaccaria segetalis* (Neck.) Garcke ex Asch.

麦蓝菜属。一年生或二年生草本，茎单生，直立，上部分枝，光滑。叶卵状椭圆形，无柄。聚伞花序伞房状；花萼卵状圆锥形，后期微膨大呈球形，具5条翅状棱。蒴果宽卵形或近圆球形；种子近圆球形，红褐色至黑色。花期5～7月，果期6～8月。曾经广泛分布在黄河三角洲地区麦田地，现在因除草剂的大量使用，在草坡、撂荒地或麦田偶有分布。种子药用，活血、通乳、利尿。

53 石竹 *Dianthus chinensis* L.

石竹属。多年生草本，茎丛生，无毛。叶线状披针形。花单生或2～3朵成聚伞花序；萼下苞片2对，长为萼的一半或更长；花瓣红色、白色或粉红色，顶端有浅锯齿。蒴果圆筒形，包于宿存萼内，顶端4裂；种子黑色，扁圆形。花期5～6月，果期7～9月。各山区有分布，生于山坡草丛。全草药用，清热利尿。

3.4.14 藜科 Chenopodiaceae

54 滨藜 *Atriplex patens* (Litv.) Iljin

滨藜属。一年生草本。茎直立，无粉或稍有粉，有绿色色条，通常多分枝。叶互生，叶片披针形至条形，两面均为绿色，无粉或稍有粉，边缘具不规则的弯锯齿或微锯齿，有时几全缘。穗状花序生叶腋。种子扁平，圆形或双凸镜形，黑色或红褐色。花果期8～10月。黄河三角洲地区盐碱滩地有分布，多生于含轻度盐碱的湿草地、海滨、沙土地等处。滨藜可作为牲畜饲料。

55 中亚滨藜 *Atriplex centralasiatica* Iljin

滨藜属。一年生草本，植株有粉。叶片卵状三角形至菱状卵形，边缘具疏锯齿，基部的一对锯齿呈裂片状，上面灰绿色，无粉或稍有粉，下面灰白色，有密粉。花集成腋生团伞花序；雄花花被5深裂，雌花有2苞片，苞片果期增大呈扇形，包被胞果。胞果扁平，宽卵形，果皮膜质，白色，与种子贴伏。花期7～8月，果期8～9月。生于无棣、沾化等盐碱地草丛。带苞的果实称"软蒺藜"，为明目、强壮、缓和药；鲜草、干草均可作猪饲料。

56 灰绿藜 *Chenopodium glaucum* L.

藜属。一年生草本。茎自基部分枝，斜上或平卧，具条棱及绿色或紫红色色条。叶椭圆状卵形至卵状披针形，带肉质，下面灰白色，密被粉粒。花被裂片常3～4，浅绿色，稍肥厚，通常无粉，狭矩圆形或倒卵状披针形。花果期5～10月。广布黄河三角洲各地，生于村边、路旁、水沟边湿地等有轻度盐碱的土壤上。灰绿藜可作猪饲料。

57 小藜 *Chenopodium ficifolium* Sm.

藜属。一年生草本。茎直立，具条棱及绿色色条。叶片卵状矩圆形，常3浅裂，中裂片较长，侧裂片较小，外缘常具2浅裂齿。花两性，数个团集，排列于上部的枝上形成较开展的顶生圆锥状花序；花被近球形，5深裂。胞果包在花被内，果皮与种子贴生。花果期5～10月。各地都有分布，为普通田间杂草，生于田间、路边、村边荒地。全草药用，可治泻痢。

58 藜 *Chenopodium album* L.

藜属。一年生草本。茎直立，粗壮，具条棱及绿色或紫红色色条，多分枝。叶菱状卵形或宽披针形，先端急尖或微钝，基部楔形，边缘有不规则的牙齿或浅齿，两面有粉粒。花两性，簇于枝上部排列成或大或小的穗状圆锥状或圆锥状花序；花被裂片5，宽卵形至椭圆形，具纵脊和膜质的边缘。胞果果皮与种子贴生；种子横生，双凸镜状，黑色，有光泽，表面具浅沟纹。花果期5~10月。黄河三角洲广布，生于路旁、荒地及田间，为很难除掉的杂草。全草药用，治泻痢、止痒。

59 杂配藜 *Chenopodium hybridum* L.

藜属。一年生草本。茎直立，粗壮，具淡黄色或紫色条棱，无粉或枝上稍有粉。叶片宽卵形至卵状三角形，长6~15cm，宽5~13cm，两面均呈亮绿色，无粉或稍有粉。花两性兼有雌性，在分枝上排列成开散的圆锥状花序；花被裂片5，狭卵形，雄蕊5。胞果双凸镜状，果皮膜质，有白色斑点，与种子贴生；种子横生，与胞果同形，黑色，无光泽。花果期7~9月。黄河三角洲地区零星分布，以滨州分布最多，生于林缘、灌丛、沟沿、草丛等处。全草可入药，能调经止血。

60 东亚市藜 *Chenopodium urbicum* L. subsp. *sinicum* Kung et G.L.Chu

藜属市藜的亚种。一年生草本，全株无粉，茎直立，较粗壮。叶片菱形至菱状卵形，稍肥厚，两面近同色，边缘具不整齐锯齿。花两性兼有雄蕊不发育的雌花，花序以顶生穗状圆锥花序为主；花簇由多数花密集而成；花被裂片狭倒卵形。胞果双凸镜形，果皮黑褐色。花期8~9月，果期10月。黄河三角洲地区零星分布，多生长于荒地、盐碱地、田边等处。东亚市藜可作为优良牧草。

61 地肤 *Kochia scoparia* (L.) Schrad.

地肤属。一年生草本，茎多分枝，被具节长柔毛。叶披针形或线形，有3条主脉。花两性或雌性，通常1~3生于上部叶腋，构成疏穗状圆锥状花序；花无梗，1~2朵生于叶腋；花被近球形，5深裂，结果后背部各生一横翅。胞果扁球形，果皮膜质，与种子离生；种子卵形或近圆形，稍有光泽。花期6~9月，果期7~10月。各地都有分布，生于田边、路边。幼苗可作蔬菜；果实称"地肤子"，为常用中药，能清热利湿、利尿通淋、祛风止痒。

62 碱蓬 *Suaeda glauca* (Bge.) Bge.

碱蓬属。一年生草本，茎直立，粗壮，茎上部多细长分枝。叶丝状条形，半圆柱状，肉质。花序梗与叶柄合生。两性花花被杯状，黄绿色；花被裂片卵状三角形，先端钝，果时增厚呈五角星状，干后变黑色。胞果包在花被内，果皮膜质。种子近圆形，有颗粒状点纹。花果期7～9月。东部沿海地区有分布，生于盐碱荒地。种子可榨油供工业用。

63 盐地碱蓬 *Suaeda salsa* (L.) Pall.

碱蓬属。一年生草本，绿色或紫红色。茎直立，圆柱状，无毛；分枝开散或斜升。花簇生，着生于叶腋或生在腋生的短枝上，短枝不与叶柄合生；花被半球形，裂片卵形，具膜质边缘，先端钝，果时背面稍增厚，在基部延伸出狭翅状突出物。胞果包于花被内，果皮膜质，果实成熟后常常破裂而露出种子。花果期7～10月。黄河三角洲沿海地区有分布，生于盐碱荒地。幼苗可作蔬菜"黄须菜"；种子可榨油。

64 猪毛菜 *Salsola collina* Pall.

猪毛菜属。一年生草本。茎自基部分枝，枝互生，伸展，茎、枝绿色，有白色或紫红色条纹。叶丝状圆柱形，有短硬毛，基部稍抱茎，先端有锐尖刺。花序穗状，生枝条上部；花被片卵状披针形，果时变硬，自背面中上部生鸡冠状突起，近革质，向中央折曲成平面，紧贴果实，有时在中央聚集成小圆锥体。花期7～9月，果期9～10月。各地有分布，生于村边、路旁、荒地。全草药用，可降血压；嫩叶可食用。

65 刺沙蓬 *Salsola ruthenica* Iljin

猪毛菜属。一年生草本。茎直立，自基部分枝，光滑或有硬毛，有白色或紫红色条纹。叶线形，肉质，先端有硬针刺。花序穗状，生于枝条的上部；苞片长卵形，顶端有刺状尖，花被片长卵形，果期变硬，翅有扇形脉纹；果期花被直径7～10mm。花期8～9月，果期9～10月。无棣县贝壳堤岛海岸带有分布，生于海滨沙滩。刺沙蓬可作为牲畜饲料；地上部亦可入药，能降低血压、通便利尿。

66 盐角草 *Salicornia europaea* L.

盐角草属。一年生草本，植株常呈红色。茎有关节；枝、叶均对生。叶不发达，鳞片状。穗状花序互生于近圆球形突起的苞叶叶片中，每苞叶聚生3朵花，花基部稍联合；雄蕊1～2。种子卵圆形或圆形。花果期6～8月。分布于黄河入海口分支河流的两岸，耐盐碱能力强。全株有毒，牲畜如啃食过量，易引起下泻。

3.4.15 苋科 Amaranthaceae

67 苋 *Amaranthus tricolor* L.

苋属。一年生草本，茎粗壮，绿色或红色，常分枝。叶卵形至椭圆状披针形，为绿色、红色、紫色或杂有其他颜色，或部分绿色夹杂其他颜色。花簇腋生，直到下部叶，或同时具顶生花簇，呈下垂的穗状花序；花被片3，雄蕊3。胞果卵状矩圆形，环状横裂，包裹在宿存花被片内。花期5～8月，果期7～9月。各地有栽培或逸为野生。苋可供作蔬菜；根、果实及全草入药，有明目、利大小便、去寒热的功效。

68 反枝苋 *Amaranthus retroflexus* L.

苋属。一年生草本。茎直立，粗壮，淡绿色，有时具带紫色条纹，密生短柔毛。叶菱状卵形或椭圆状卵形，两面及边缘有柔毛，脉上有毛较密。花被片及雄蕊各5，苞片顶端长针芒状。胞果扁卵形，环状横裂，薄膜质，淡绿色，包裹在宿存花被片内。花期7~8月，果期8~9月。各地有分布，生于山坡、路旁、田边。嫩茎叶可作蔬菜；种子作"青葙子"入药；全草可药用，治腹泻痢疾、痔疮肿痛出血等症。

69 凹头苋 *Amaranthus lividus* L.

苋属。一年生草本，全体无毛。茎自基部分枝，伏卧而上升。叶片卵形或菱状卵形，顶端凹缺，有1芒尖。花成腋生花簇，直至下部叶的腋部，生于茎端和枝端者成直立穗状花序或圆锥花序。胞果扁卵形，不裂，微皱缩而近平滑，超出宿存花被片。花期7~8月，果期8~9月。各地都有分布，生于田野、人家附近的杂草地上。叶可作猪饲料；全草入药，可止痛、收敛、利尿、解热。

70 合被苋 *Amaranthus polygonoides* L.

苋属。一年生草本，茎直立，绿白色。叶卵形、倒卵形或椭圆状披针形，上面中央常横生一条白色斑带。花簇腋生，单性，雌雄花混生。胞果不裂，长圆形，略长于花被，上部微皱；种子倒卵形，红褐色，有光泽。花果期6～10月。原产于加勒比海岛屿、美国等地，20世纪70年代在山东济南和泰安（泰山）采到标本，常随作物种子、带土苗木和草皮扩散，蔓延速度快。黄河三角洲零星分布，生于路边、荒地、宅旁或田野。全草可作野菜和饲草。

71 皱果苋 *Amaranthus viridis* L.

苋属。一年生草本。叶卵形，先端微凹或圆钝，具小芒尖。圆锥花序顶生；花被片3，雄蕊3。胞果极皱缩，不开裂。花期6～8月，果期8～10月。各地都有分布，生于山坡、田边、荒地。全草入药，可清热解毒、利尿。

3.4.16 蓼科Polygonaceae

72 萹蓄 *Polygonum aviculare* L.

蓼属。一年生草本,茎平卧或斜生。叶狭椭圆形,托叶鞘有脉纹。花单生或数朵簇生叶腋,遍布植株;苞片薄膜质;花梗细,顶部具关节;花被5深裂,花被片椭圆形,绿色,边缘白色或淡红色。瘦果卵形,具3棱,黑褐色,密被由小点组成的细条纹。花期5~7月,果期6~8月。各地普遍分布,生于路边、田野。全草药用,清热、利尿、驱虫。

73 红蓼 *Polygonum orientale* L.

蓼属。一年生大型草本,茎直立,粗壮,高1~2m。本株密生柔毛。叶宽卵形、宽椭圆形或卵状披针形,基部圆形或近心形,两面密生短柔毛。花紧密,微下垂,通常数个再组成圆锥状;花被淡红色;雄蕊7。瘦果近圆形,双凹,黑褐色。花期6~9月,果期8~10月。各地有栽培或野生。果实入药,名为"水红花子",有活血、止痛、消积、利尿功效。

74 酸模叶蓼 *Polygonum lapathifolium* L.

蓼属。一年生草本。茎直立，具分枝，节部膨大。叶宽披针形，叶上面常有黑褐色新月形斑点，两面沿主脉及叶缘有伏生的粗硬毛，托叶鞘无毛。穗状花序紧密呈圆柱形。瘦果宽卵形，双凹，黑褐色，有光泽，包于宿存花被内。花期6～8月，果期7～9月。各地有分布，生于路边、山坡及水边湿地。果实药用，利尿。

75 习见蓼 *Polygonum plebeium* R. Br.

蓼属。一年生草本。叶狭椭圆形或倒披针形，基部狭楔形，两面无毛；托叶鞘膜质，白色，透明，顶端撕裂。花3～6朵，簇生于叶腋。瘦果宽卵形，具3锐棱或双凸镜状，黑褐色，平滑，有光泽，包于宿存花被内。花期5～8月，果期6～9月。黄河三角洲自然保护区有分布，生于路边、田野、洼地、水沟旁等。全草入药，具有利水通淋、化浊杀虫功效。

76 西伯利亚蓼 *Polygonum sibiricum* Laxm.

蓼属。多年生草本，根茎细长。茎自基部分枝。叶长椭圆形、披针形，基部戟形或楔形；托叶鞘筒状。花序圆锥状，顶生；苞片漏斗形。瘦果卵形，具3棱，黑色，有光泽，包于宿存的花被内或突出。花果期6～9月。无棣县贝壳堤岛海岸带有分布，生于沿海沙滩及盐碱地。全草入药，具有疏风清热、利水消肿、清肠胃积热功效。

77 何首乌 *Fallopia multiflora* (Thunb.) Harald

何首乌属。多年生草本，具肥厚块根，皮黑色或黑褐色。茎缠绕，常呈红紫色，中空，无毛。叶互生，卵状心形或三角形卵形，基部心形或耳状箭形，全缘，两面无毛；托叶鞘短筒状，膜质，褐色，易破裂。圆锥花序，顶生或腋生，大而开展；花被片椭圆形，大小不相等，外面3片较大，背部具翅，果时增大近圆形。瘦果卵形，具3棱，黑褐色，有光泽，包于宿存花被内。花期8～9月，果期9～10月。邹平南部山区有分布，生于山坡灌丛。根药用，滋补强壮；茎入药可安神。

78 齿果酸模 *Rumex dentatus* L.

酸模属。一年生或多年生草本，根部不肥厚粗壮。茎直立，自基部分枝，枝斜升，具浅沟槽。茎下部叶长圆形、长椭圆形或宽披针形，基部圆形或心形，边缘浅波状；茎生叶较小。总状花序顶生和腋生；花两性，黄绿色；内轮花被片果期增大，边缘有整齐的刺状齿4～5对，全部有瘤状突起。瘦果三棱形，具3锐棱，两端尖，黄褐色，有光泽。花期5～6月，果期6～7月。产于各地，生于路边、水沟边湿地。全草药用，有清热、杀虫、治藓的功效。

79 虎杖 *Polygonum cuspidatum* Sieb. et Zucc.

虎杖属。灌木状草本，具根茎。茎直立，散生紫红色斑点。叶阔卵形或卵状椭圆形。雌雄异株，花序圆锥状，腋生；雄花花被片具绿色中脉，无翅，雄蕊8；雌花花被片外面3片背部具翅，果时增大，翅扩展下延。瘦果卵形，具3棱，黑褐色，有光泽，包于宿存花被内。花期8～9月，果期9～10月。邹平南部山区有分布，生于山谷、溪边，或有栽培。根茎药用，可祛风、活血。

3.4.17 白花丹科 Plumbaginaceae

80 二色补血草 *Limonium bicolor* (Bge.) O. Kuntze

补血草属。多年生草本，全株（除萼外）无毛。叶基生，花匙形至长圆状匙形。花序轴光滑，圆柱形；不育小枝少；苞片紫红色；花萼宿存，白色或带红色；花冠黄色。花期5～7月，果期6～8月。黄河三角洲自然保护区及无棣县贝壳堤岛海岸带均有分布，喜生于含盐的钙质土上或砂地。全草入药，止血、活血；还可杀蝇。

3.4.18 锦葵科 Malvaceae

81 锦葵 *Malva sinensis* Cavan.

锦葵属。二年生或多年生草本，茎直立。叶心状圆形或肾形，常5～7浅裂，边缘有不规则钝齿。花紫红色或白色，直径3～5cm；簇生于叶腋；副萼3片。果实扁圆形，分果爿9～11，肾形，被毛；种子肾形，黑褐色。花期5～10月，果期8～11月。各地均有栽培。花供园林观赏，地植或盆栽均宜；其花常入药用。

82 蜀葵 *Althaea rosea* (L.) Cavan.

蜀葵属。多年生草本。叶大，粗糙而皱，圆心形，掌状5～7浅裂。花大，直径6～9cm，单生叶腋，在茎上部排列成总状，有红、紫、白、黄、黑等颜色。果盘状，分果近圆形。花期5～8月。各地广泛栽培供观赏。茎皮纤维可代麻；全草入药，有清热止血、消肿解毒之功效。

83 野西瓜苗 *Hibiscus trionum* L.

木槿属。一年生草本，茎具白色星状粗毛。叶掌状3～5全裂或深裂，裂片常羽状分裂。花单生；副萼12片，线性；花萼膜质，花冠膜质，花冠淡黄色。蒴果长圆状球形，被粗硬毛，果爿5，果皮薄，黑色。花期7～10月。各地均有分布，生于路旁、荒坡、田间。全草和果实、种子药用，治烫伤、烧伤、急性关节炎等。

84 木槿 *Hibiscus syriacus* L.

　　木槿属。落叶灌木，小枝密被黄色星状绒毛。叶菱状卵形，常3裂。副萼6～7，线形；花单生叶腋，直立；花冠有红、紫、白等色，常重瓣，雄蕊柱不伸出冠外。蒴果卵圆形，密被黄色星状绒毛；种子肾形，背部被黄白色长柔毛。花期7～10月，果期9～10月。各地庭院有栽培。木槿供观赏或作绿篱材料；茎皮富含纤维，供造纸原料；入药可治疗皮肤癣疮、清热凉血。

85 芙蓉葵 *Hibiscus moscheutos* L.

　　木槿属。多年生草本，茎被星状短柔毛或近于无毛。叶卵形或卵状披针形，边缘有钝圆锯齿，上面近无毛，下面被灰白色毡毛，基出脉5。花大，直径10～14cm；副萼10～12，线形；花冠粉红色、淡红色或白色。蒴果圆锥状卵形，果爿5；种子近圆肾型，顶端尖。花期7～9月，果期8～10月。原产北美洲，公园有栽培，供观赏。

86 苘麻 *Abutilon theophrasti* Medicus

苘麻属。一年生亚灌木状草本，高达1~2m，茎枝被柔毛。叶互生，圆心形，两面密生星状毛。花黄色，单生叶腋。蒴果半球形，分果瓣15~20，被粗毛，顶端具长芒2。花期7~8月。各地均有野生或栽培，生于路旁、荒地。茎皮纤维供编织；种子入药称"冬葵子"；全草入药，能祛风解毒。

3.4.19 董菜科 Violaceae

87 紫花地丁 *Viola philippica* Cav. Icons et Descr.

董菜属。多年生草本，无地上茎，根茎短，垂直。叶柄具狭翼，叶片舌形、长圆形、卵状长圆形或长圆形披针形。花紫色；侧瓣无须毛或稍有须毛；距管状，长约5mm。蒴果长圆形，无毛；种子卵球形，淡黄色。花果期4月中下旬至9月。黄河三角洲各地普遍分布，生于路边、荒地，在庭园较湿润处常形成小群落。全草入药，主治乳腺炎、阑尾炎、疮毒等；紫花地丁也可作野菜。

88 早开堇菜 *Viola prionantha* Bge.

堇菜属。多年生草本，无地上茎，根茎垂直，短而较粗壮。叶基生，呈长圆状卵形、卵状披针形或狭卵形。花大，淡紫色，喉部色淡并有紫色条纹。蒴果长椭圆形，无毛，顶端钝常具宿存的花柱；种子多数，卵球形，深褐色常有棕色斑点。花果期4～9月。各地均有分布，生于路边、荒地，在庭园较湿润处常形成小群落。全草供药用，清热解毒、除脓消炎。

89 斑叶堇菜 *Viola variegate* Fisch ex Link

堇菜属。多年生草本，无地上茎，根茎通常较短而细，节密生。叶片圆形或广卵圆形，基部心形，先端圆形或钝，表面暗绿色，沿叶脉有白斑形成苍白色的脉带，背面带紫红色。蒴果被短粗毛。花期4～9月，每年可开花两三次。邹平南部山区山地有分布，生于山坡、草地。全草入药，有清热解毒、消肿除脓之效。

3.4.20 柽柳科 Tamaricaceae

90 **柽柳** *Tamarix chinensis* Lour.

柽柳属。乔木或灌木。老枝直立，暗褐红色；小枝细长，红紫色或暗紫色，开展而下垂。鳞叶钻形或卵状披针形。花粉红色，组成顶生大型圆锥花序。蒴果圆锥形。花期5～8月，果期7～10月。黄河三角洲无棣、沾化、垦利等沿海广泛分布，生于盐碱地及沿海滩涂。老枝供编筐；嫩枝叶入药，有发汗透疹、解毒利尿的功效。

3.4.21 葫芦科 Cucurbitaceae

91 **栝楼** *Trichosanthes kirilowii* Maxim.

栝楼属。多年生草质藤本，块根圆柱状，粗大肥厚。叶片纸质，轮廓近圆形，常3～5（～7）浅裂至中裂，叶基心形。雌雄异株，花冠辐状，白色，裂片边缘细裂成丝状。果球形，黄褐色。花期5～8月，果期8～10月。各地有分布或栽培，生于山坡、路边、田埂。根入药称"天花粉"；果皮和种子亦可入药，有清热化痰、润肺止咳、滑肠的功效。

92 小马泡 *Cucumis bisexualis* A. M. Lu. et G. C. Wang ex Lu et Z. Y. Zhang

黄瓜属。一年生匍匐草本，茎粗糙，卷须纤细，单一。叶片质稍硬，肾形或近圆形，常5浅裂，两面粗糙，有腺点。花两性，单生或双生于叶腋，花萼筒杯状；花冠黄色，钟状。果实小，椭圆形，长仅4cm；种子多数，卵形，黄白色。花期5～7月，果期7～9月。黄河三角洲地区广泛分布，生于山坡、路旁、田边，为玉米地常见杂草。

3.4.22 杨柳科Salicaceae

93 龙爪柳 *Salix matsudana* var. *matsudana* f. *tortuosa* (Vilm.) Rehd.

柳属。落叶灌木或乔木，小枝绿色或绿褐色，不规则扭曲。叶互生，线状披针形，细锯齿缘，叶背粉绿，全叶呈波状弯曲。单性异株，柔荑花序。蒴果。花期4月，果期4～5月。各地多栽于庭院，作绿化树种。

3.4.23　十字花科 Brassicaceae

94 碎米荠　*Cardamine hirsuta* L.

碎米荠属。一年生小草本。基生叶具叶柄，有小叶2～5对，顶生小叶肾形或肾圆形。总状花序生于枝顶，花小，花瓣白色，倒卵形。长角果线形，稍扁；种子椭圆形，顶端有明显的翅。花期2～4月，果期4～6月。广泛分布于山坡、路旁、荒地及耕地的草丛中。全草可作野菜食用；也供药用，能清热利湿。

95 独行菜　*Lepidium apetalum* Willd.

独行菜属。一年生或二年生草本。茎直立，有分枝，有乳头状短毛。基生叶窄匙形，一回羽状浅裂或深裂；茎上部叶线形，全缘或具疏齿。总状花序，花瓣丝状或退化，雄蕊2～4。短角果近圆形或宽椭圆形，顶端具狭翅；种子椭圆形，平滑，棕红色。花果期5～7月。各地均有分布，生于山坡、田野、路边，为常见的田间杂草。种子入药，作"葶苈子"用，能止咳、利尿、化痰。

96 宽叶独行菜 *Lepidium latifolium* L. var. *latifolium*

独行菜属。多年生草本，全株浅灰绿色或浅绿色。茎直立，上部多分枝，基部稍木质化，无毛或疏生单毛。基生叶及茎下部叶革质，长圆状披针形或卵形；茎上部叶披针形或长圆状椭圆形。总状花序圆锥状，花瓣白色，雄蕊6。短角果宽卵形或近圆形。花期5～7月，果期7～9月。黄河三角洲地区滨海盐碱地均有分布，生于山坡、田边、村旁。全草入药，有清热燥湿作用，治菌痢、肠炎。

97 荠 *Capsella bursa-pastoris* (L.) Medic.

荠属。一年生或二年生草本。茎直立，单一或从基部分枝。基生叶莲座状，大头羽状裂，顶裂片卵形至长圆形，侧裂片3～8对，长圆形至卵形，顶端渐尖，浅裂或具不规则粗锯齿；茎生叶披针形，基部箭形，抱茎，边缘有缺刻或锯齿。总状花序顶生或腋生；花白色，卵形。短角果倒三角形或倒心状三角形，扁平，无毛，顶端微凹；种子2行，长椭圆形，浅褐色。花果期4～6月。广布各地，生于山坡、荒地、田边。春季嫩苗供食用；全草入药，为凉血、止血、利尿、消炎之用。

98 播娘蒿 *Descurainia sophia* (L.) Webb. ex Prantl

播娘蒿属。一年生草本。茎直立，分枝多，下部多呈淡紫色。叶2~3回羽状全裂，末端裂片条形或长圆形，下部叶具柄，上部叶无柄。花序伞房状，果期伸长；花黄色，长圆状倒卵形。长角果圆柱状，黄绿色，果瓣中脉明显；种子每室1行，多数，长圆形，稍扁，淡红褐色，表面有细网纹。花期4~5月，果期5~6月。各地有分布，生于山坡、荒地、路边、麦田。种子药用，有利尿消肿、祛痰定喘的功效。

99 诸葛菜 *Orychophragmus violaceus* (L.) O. E. Schulz

诸葛菜属。一年或二年生草本。茎单一，直立，无毛，有粉霜。基生叶和下部叶具叶柄，大头羽状分裂，顶生裂片肾形或三角状卵形，侧生裂片2~6对；中部叶具卵形顶生裂片，抱茎；上中叶矩圆形，不裂，基部两侧耳状，抱茎。总状花序顶生，花深紫色。长角果线形，有4棱，有长喙；种子卵形或长圆形，扁平，黑棕色。花期4~5月，果期5~6月。各地均有分布，生于山坡、路边草丛，或栽培供观赏。嫩茎叶可作野菜食用。

100 雪里蕻 *Brassica juncea* (L.) Czern. et Coss. var. *multiceps* Tsen et Lee

芸薹属，芥菜的栽培变种。一年生草本植物，幼茎及叶具刺毛，有辣味；茎直立。基生叶倒披针形或长圆状倒披针形；上部及顶部茎生叶小，长圆形、全缘，皱缩。总状花序顶生，花后延长；花黄色，萼片淡黄色，长圆状椭圆形，直立开展；花瓣倒卵形。长角果线形；种子球形，紫褐色。花期3～5月，果期5～6月。黄河三角洲地区有栽培。雪里蕻具有特殊的风味和辛辣味，可鲜食或加工；也可药用，具解毒消肿、开胃消食、温中利气功效。

101 小花糖芥 *Erysimum cheiranthoides* L.

糖芥属。一年生草本，直立分枝，有棱角，具伏生叉状毛。基生叶莲座状，平铺地面；茎生叶披针形或线形，边缘具深波状疏齿或近全缘，两面具3叉毛。总状花序顶生，花瓣浅黄色，长圆形。长角果圆柱形，侧扁，稍有棱，具3叉毛，果梗斜向伸展；种子卵形，每室1行，淡褐色。各地有分布，生于路旁、田边、山坡、荒地。全草及种子入药，具强心作用。

102 涩荠 *Malcolmia africana* (L.) R. Br.

涩荠属。二年生草本，植物体有单毛或分枝硬毛，分枝、直立或铺散状。总状花序有10～30朵花，疏松排列，花淡紫色或淡红色。长角果近四棱形，有短喙，密生长毛。花果期6～8月。黄河两岸有分布，生于山坡、田野、荒地。涩荠可栽培作为地被绿化植物。

103 盐芥 *Thellungiella salsuginea* (Pall.) O. E. Schulz

盐芥属。一年生草本，无毛，有白粉，茎基部分枝，呈铺散状。基生叶近莲座状，早枯，叶基部耳状抱茎。花瓣白色，长圆状倒卵形。长角果长略弯曲。花期4～5月。无棣、沾化、垦利等盐碱较重地区多有分布，可作为改良盐碱地的栽培植物。

104 菥蓂 *Thlaspi arvense* L.

菥蓂属。一年生草本，茎直立，不分枝或分枝，具棱。基生叶倒卵状长圆形，边缘具疏齿。总状花序顶生，花冠白色，花瓣长圆状倒卵形，顶端圆钝或微凹。短角果倒卵形或近圆形，扁平，顶端凹入；种子每室2～8个，倒卵形，稍扁平，黄褐色。花期3～4月，果期5～6月。鹤伴山山区有分布，偶见野生，也有栽培用作观赏。全草、种子和嫩苗均可入药，全草清热解毒、消肿排脓；种子利肝明目；嫩苗和中益气、利肝明目。嫩苗用水炸后，浸去酸辣味，可加油盐调食。

105 芝麻菜 *Eruca sativa* Mill.

芝麻菜属。一年生草本，茎直立，上部常分枝，疏生硬长毛或近无毛。基生叶及下部叶大头羽状分裂或不裂，顶裂片近圆形或短卵形，有细齿。总状花序有多数疏生花；花瓣黄色，后变白色，有紫纹。长角果圆柱形，果瓣无毛，有1隆起中脉，喙剑形，扁平，顶端尖。花期5～6月，果期7～8月。芝麻菜具有很强的抗旱和耐瘠薄能力，公园及庭院有栽培，在路旁或荒野均可生长。茎叶可作蔬菜食用；全草药用，有兴奋、利尿和健胃的功效。

3.4.24 报春花科 Primulaceae

106 **点地梅** *Androsace umbellata* (Lour.) Merr.

点地梅属。一年生或二年
生草本,主根不明显,具多数
须根。全株被节状细柔毛。叶
近圆形或卵圆形,基生成莲座
状,两面均被开展的短柔毛。
花葶数条自基部抽出,早春开
花;伞形花序4~15朵;苞片
卵形至披针形;花萼杯状,密
被短柔毛,果期增大,呈星状
展开;花冠白色。蒴果近球形。
花期2~4月,果期5~6月。各
地都有分布,生于山坡、田野、
路旁。全草入药,主治咽喉肿
痛、跌打损伤。

3.4.25 景天科 Crassulaceae

107 **垂盆草** *Sedum sarmentosum* Bge.

景天属。多年生草本。不
育枝及花茎纤细,匍匐而节上
生根。三叶轮生,叶倒披针形
至矩圆形,基部有距。聚伞花
序,花淡黄色,无梗。蓇葖果,
近直立。花期5~7月,果期8
月。邹平南部山区有野生分布,
生于山坡阴湿岩石上。全草药
用,能清热解毒、消痈肿。

108 费菜 *Sedum aizoon* L.

景天属。多年生草本，根茎短，块根胡萝卜状，粗茎高20～50cm。叶互生，长披针形至倒卵形，边有不规则的锯齿，近无梗。聚伞花序，分枝平展；花瓣5，黄色，雄蕊10。蓇葖果星芒状排列。花期6～7月，果期8～9月。邹平南部山区有分布，生于石崖或山坡草地。全草入药，有止血散瘀、安神镇痛之效。

109 瓦松 *Orostachys fimbriatus* (Turcz.) Berger

瓦松属。二年生草本。第一年生莲座叶，叶宽条形，顶端有1个半圆形软骨质附属物，其边缘流苏状，中间有一长刺。花序穗状，花瓣5，花粉红色，雄蕊10，与花瓣同长或稍短，花药紫色；心皮5。蓇葖果5。花期8～9月，果期9～10月。邹平南部山区岩石积土处野生分布或生于旧屋瓦缝。全草药用，为清凉剂、敛疮及通经药。

3.4.26 蔷薇科 Rosaceae

110 华北珍珠梅 *Sorbaria kirilowii* (Regel) Maxim.

珍珠梅属。灌木。小枝圆柱形，稍弯曲，光滑无毛，幼时绿色，老时红褐色。羽状复叶，小叶13~21，边缘有不整齐重锯齿或单锯齿，光滑无毛。圆锥花序顶生，大而密集；花瓣倒卵形或宽卵形，先端圆钝，白色；雄蕊25~30，长于花瓣；花盘圆杯状；花柱稍短于雄蕊，侧生。蓇葖果长圆柱形，无毛。花期6~7月，果期9~10月。公园及庭院有栽培。华北珍珠梅可供观赏；茎皮及果穗有治疗骨折、跌打损伤作用。

111 重瓣棣棠花 *Kerria japonica* f. *pleniflora* (Witte) Rehd.

棣棠花属。落叶灌木。小枝绿色，圆柱形，无毛，常拱垂，嫩枝有棱角。叶互生，叶片卵形至卵状披针形，边缘有锐重锯齿。花单生，金黄色，直径3~4.5cm。瘦果扁球形，黑色。花期4~6月，果期6~8月。公园有栽培。重瓣棣棠花供观赏；花有消肿、止痛等功效。

112 多腺悬钩子 *Rubus phoenicolasius* Maxim.

悬钩子属。灌木,全株密被红褐色刺毛、腺毛及疏皮刺。小叶3,稀5枚,卵形、宽卵形或菱形,下面密生灰白色绒毛,沿叶脉有刺毛、腺毛和稀疏小针刺,边缘具粗锯齿,顶生小叶常浅裂。总状花序,密被柔毛、刺毛和腺毛;花瓣紫红色,倒卵状匙形或近圆形,基部具爪。聚合核果半球形,红色,无毛。花期5~6月,果期7~8月。邹平南部山区有分布,生于低海拔至中海拔的林下、路旁或山沟谷底。根和叶入药,有补肾、解毒作用。

113 茅莓 *Rubus parvifolius* L.

悬钩子属。灌木,高1~2m;茎枝呈弓形弯曲,被柔毛和稀疏钩状皮刺。小叶3,菱状圆形或倒卵形,下面密生绒毛,边缘有不整齐粗锯齿或缺刻状粗重锯齿。伞房花序;花瓣红或紫色。聚合核果,红色。花期5~6月,果期7~8月。南部山区有分布,生于山坡灌丛。根、茎、叶有清热解毒、活血消肿作用。

114 翻白草 *Potentilla discolor* Bge.

委陵菜属。多年生草本，具块根，根粗壮，纺锤形。茎基部残留有老叶柄，花茎直立，上升或微铺散，密被白色绵毛。奇数羽状复叶，长椭圆形或披针形，小叶2~4对，顶端的小叶稍大，边缘钝锯齿，下面密生白色绒毛。聚伞花序有花数朵至多朵，疏散，花瓣黄色，倒卵形；雄蕊和雌蕊多数。瘦果近肾形或卵形，褐色，光滑。花果期5~9月。邹平南部山区有分布，生于山坡、草地、路旁。全草有清热解毒、消肿、止血、止痢作用。

115 朝天委陵菜 *Potentilla supina* L.

委陵菜属。一年生或二年生草本。主根细长，并有稀疏侧根。茎平铺或倾斜伸展，疏生柔毛。羽状复叶，小叶7~13。花单生叶腋，花瓣黄色，倒卵形，顶端微凹，与萼片近等长或较短。瘦果长圆形，先端尖，表面具脉纹。花期5~9月，果期6~10月。各地普遍分布，生于山坡、路旁、水边、庭院。全草有治吐血、尿血、血痢、便血等作用。

116 蛇莓 *Duchesnea indica* (Andr.) Focke

蛇莓属。多年生草本，根茎短，粗壮，茎细长匍匐，有柔毛。三出复叶，小叶片倒卵形至菱状长圆形，边缘有钝锯齿，两面散生柔毛或上面近无毛。花单生叶腋，花瓣倒卵形，黄色，先端圆钝；花托肉质，花托在果期膨大，海绵质，鲜红色，有光泽，红色。聚合瘦果卵形，光滑或具不明显突起，鲜时有光泽。花期6~8月，果期8~10月。黄河三角洲地区各地均有分布，生于沟边、路旁、河岸、草地。全草有清热解毒、收敛止血作用。

117 杜梨 *Pyrus betulaefolia* Bge.

梨属。乔木，高达10m，树冠开展，小枝通常具刺，幼枝密被白柔毛。叶菱状卵形，边缘有尖锐锯齿。伞形总状花序，有花10~15朵，总花梗和花梗均被灰白色绒毛，花瓣宽卵形，白色；雄蕊20，花药紫色，长约花瓣之半。果实近球形，褐色，有淡色斑点。花期4月，果期8~9月。各地均有分布。杜梨为栽培梨的主要砧木之一，结果期早，寿命很长；果实可食。

118 山桃 *Amygdalus davidiana* (Carr.) C. de Vos

桃属。乔木，树皮暗紫色，树皮光滑。叶卵状披针形，叶柄顶端无腺体。花单生，先叶开放，花瓣倒卵形或近圆形，粉红色。核果近球形，熟时淡黄色，密被柔毛，果柄短而深入果洼；果肉薄而干，不可食，成熟时不裂。花期3～4月，果期7～8月。邹平南部山区有野生分布或各地公园引种栽培，为早春开花的花木，供观赏。

3.4.27 含羞草科 Mimosaceae

119 合欢 *Albizia julibrissin* Durazz.

合欢属。落叶乔木，树冠开展。二回羽状复叶，总叶柄近基部及最顶一对羽片着生处各有1枚腺体，小叶10～30对，镰刀形。头状花序；雄蕊多数，花丝外伸，粉红色。荚果带状，嫩荚有柔毛，老荚无毛。花期6～7月，果期8～10月。各地普遍栽培。树皮及花入药，安神、活血、止痛。

3.4.28 云实科 Caesalpiniaceae

120 **紫荆** *Cercis chinensis* Bge.

　　紫荆属。丛生或单生灌木，树皮和小枝灰白色。叶纸质，单叶，心形，全缘。花紫红色或粉红色，先叶开放，2~10朵成束，簇生于老枝和主干上，假蝶形花冠，龙骨瓣基部具深紫色斑纹。荚果扁狭长形。花期3~4月，果期8~10月。各地广泛栽培。紫荆供观赏；树皮、根入药，活血行气、清热解毒、消肿止痛。

121 **决明** *Cassia tora* L.

　　决明属。一年生亚灌木状草本，粗壮、直立。小叶3对，膜质，倒卵形或倒卵状长椭圆形，顶端圆钝而有小尖头，基部渐狭，偏斜，叶轴上每对小叶间有棒状的腺体1枚。花腋生，通常2朵聚生，假蝶形花冠，花瓣黄色，能育雄蕊7枚，花药四方形。荚果细圆柱形，有4棱。花果期8~11月。各地常见栽培，或为逸生。种子药用，清肝明目、降压、润肠。

122 皂荚 *Gleditsia sinensis* Lam.

皂荚属。落叶乔木或小乔木，刺圆柱形，有分枝，多呈圆锥状。叶为一回羽状复叶，纸质，卵状披针形至长圆形，小叶上面网脉明显突起。花杂性，黄白色，组成总状花序；花序腋生或顶生。荚果扁平长条形，肥厚不扭转。花期3～5月，果期5～12月。各地均有分布或种植，生于路旁、沟边及山坡。荚果煎汁可代皂；荚皮、种子入药，祛痰通窍；枝刺入药，消肿排脓、杀虫治癣。

3.4.29 蝶形花科 Papilionaceae

123 槐 *Sophora japonica* L.

槐属。落叶乔木，高达25m。树皮灰黑色，粗糙纵裂。奇数羽状复叶，小叶7～17；托叶钻性，早落。圆锥花序顶生，花冠黄白色，旗瓣阔心形，翼瓣和龙骨瓣边缘略带紫色；雄蕊10，不等长。荚果串珠状，肉质，无毛，不裂。花期6～8月，果期9～10月。各地普遍栽培。果及花蕾入药，能止血、降压，清肝明目；根皮、枝叶入药，可治疮毒。

124 花木蓝 *Indigofera kirilowii* Maxim. ex Palibin

木蓝属。小灌木，茎圆柱形。羽状复叶，小叶（2～）3～5对，对生，阔卵形、卵状菱形或椭圆形。总状花序长5～12（～20）cm，疏花；花冠淡红色，稀白色，蝶形花冠。荚果棕褐色，圆柱形。花期5～7月，果期8月。邹平南部山区有野生分布，生于山坡灌丛及疏林内或岩缝中。茎皮纤维供制人造棉、纤维板和造纸用；枝条可编筐。

125 兴安胡枝子 *Lespedeza daurica* (Laxm.) Schindl.

胡枝子属。小灌木，株高达1m。叶具3小叶，小叶长圆形或窄长圆形，先端圆或微凹，有小刺尖。总状花序较叶短或与叶等长，花序梗密被短柔毛；蝶形花冠，花冠白色或黄白色，旗瓣长圆形，中部稍带紫色，闭锁花生于叶腋，结实。荚果小，倒卵形或长倒卵形，藏于宿存花萼内。花期7～8月，果期9～10月。在无棣、沾化、东营盐碱地常见，能够生于高盐碱生境。兴安胡枝子为优良的饲用植物，幼嫩枝条各种家畜均喜食；亦可作绿肥。

126 鸡眼草 *Kummerowia striata* (Thunb.) Schindl.

鸡眼草属。一年生草本，茎常铺地，分枝而带匍匐状，茎和枝上分布有白色向下的毛。叶为三出羽状复叶；小叶纸质，倒卵状长椭圆形。花小，单生或2～3朵簇生于叶腋；花冠淡红色，蝶形花冠。荚果较萼稍长或等长。花期7～9月，果期8～10月。各地均有分布，生于山坡、林下。全草药用，有利尿通淋、解热止痢之效。

127 白车轴草 *Trifolium repens* L.

车轴草属。短期多年生草本，生长期达5年。主根短，茎匍匐，节上生根，全株无毛。掌状三出复叶，小叶倒卵形或倒心形，中部有白斑。花序球形，顶生，总花梗甚长，比叶柄长近1倍，具花20～50（～80）朵，密集；蝶形花白色或淡红色。荚果长圆形。花果期5～10月。原产欧洲，各地栽培或为逸生。白车轴草为优良牧草或绿肥；全草药用，清热、凉血。

128 野苜蓿 *Medicago falcata* L.

苜蓿属。多年生草本，主根粗壮，木质，须根发达。羽状三出复叶，小叶倒卵形至线状倒披针形。花序短总状，稠密，花期几不伸长，花冠黄色，旗瓣长倒卵形，翼瓣和龙骨瓣等长。荚果弯曲成镰刀形，被贴伏毛。花期6～8月，果期7～9月。邹平、莱州山区有分布，生于山坡、路旁。本变种适应能力强，耐寒抗旱，耐盐碱，抗病虫害，是营养价值很高的野生牧草。

129 草木犀 *Melilotus suaveolens* Ledeb.

草木犀属。二年生草本，茎直立，粗壮，多分枝，无毛。羽状三出复叶，小叶椭圆形或倒披针形，具短尖头，边缘有锯齿，两面有毛。总状花序腋生，花冠黄色。荚果卵圆形。花期5～9月，果期6～10月。各地野生耐碱性土壤或栽培，为常见的牧草。全草入药，有清热解毒、健脾化湿之效。

130 野大豆 *Glycine soja* Sieb. et Zucc.

大豆属。一年生缠绕草本，茎细瘦，有黄色伏毛。叶具3小叶，顶生小叶卵圆形或卵状披针形，两面均被绢状的糙伏毛，侧生小叶斜卵状披针形。总状花序通常较短，花小；花萼钟状，密生长毛；花冠紫红色或白色。荚果长圆形，稍弯，两侧稍扁；种子椭圆形，稍扁，间稍缢缩，干时易裂，褐色或黑色。花期7～8月，果期8～10月。黄河三角洲盐碱地广泛分布，生于湿地、灌丛及沼泽旁。种子入药，强壮、利尿、平肝、敛汗。

131 野葛 *Pueraria lobata* (Willd.) Ohwi

葛属。粗壮藤本，长可达8m，各部密被黄色长硬毛。块根肥厚。羽状复叶具3小叶，顶生小叶宽卵形或斜卵形，先端长渐尖，侧生小叶斜卵形，稍小，上面被淡黄色、平伏的疏柔毛。花2～3朵聚生于花序轴的节上，花冠紫红色。荚果密生黄色长硬毛。花期9～10月，果期11～12月。邹平、莱州山区有分布，生于山坡、林缘。根入药称为"葛根"，解肌退热、生津止渴。

132 救荒野豌豆 *Vicia sativa* L.

野豌豆属。一年生或二年生草本，茎斜升或攀援，具棱，被微柔毛。偶数羽状复叶，叶轴顶端卷须有2～3分支，小叶2～7对，长椭圆形或近心形，先端截形，微凹。花1～2朵腋生，近无柄；萼钟形，外面被柔毛；花紫红色或红色。荚果线长圆形，表皮土黄色种间缢缩，有毛，成熟时背腹开裂，果瓣扭曲；种子4～8，圆球形，棕色或黑褐色。花期4～7月，果期7～9月。各地有分布，生于山坡、草丛、路旁。救荒野豌豆为绿肥及优良牧草；全草药用，具有清热利湿、补肾调经的功效。

133 红花锦鸡儿 *Caragana rosea* Turcz.

锦鸡儿属。灌木，小枝细长，具条棱。小枝、叶、萼和荚果均无毛。托叶在长枝者成细针刺；叶假掌状；小叶4，楔状倒卵形，先端圆钝或微凹，具刺尖，近革质，上面深绿色，下面淡绿色。花冠黄色，常紫红色或全部淡红色，凋时变为红色。荚果圆筒形。花期4～6月，果期6～7月。邹平南部山区野生，生于山坡及沟谷。根部入药，具有补益脾胃、活血通络、温肾壮阳、催乳的功效。

134 田菁 *Sesbania cannabina* (Retz.) Pers.

田菁属。一年生草本，茎绿色。羽状复叶，小叶20～60对，线形，两面密生褐色小腺点。总状花序具2～6朵花，疏松；蝶形花冠，黄色。荚果细长，无翅边缘常变厚；种子绿褐色，有光泽，短圆柱状，种子间有横隔。花果期8～10月。各地有栽培或逸生，生于田间、路旁或潮湿地。田菁可作牧草或绿肥。

135 刺槐 *Robinia pseudoacacia* L.

刺槐属。落叶乔木，树皮灰褐色至黑褐色，浅裂至深纵裂；枝具托叶刺。奇数羽状复叶，小叶7～25对。总状花序腋生，密被白色短柔毛，蝶形花冠白色。荚果褐色，或具红褐色斑纹，线状长圆形。花期4～6月，果期8～9月。各地普遍栽培。刺槐为重要造林树种，又为优良蜜源植物；花入药，治大肠下血、咳血及子宫出血。

136 紫穗槐 *Amorpha fruticosa* L.

紫穗槐属。落叶灌木，丛生。枝有叠生副芽。叶互生，奇数羽状复叶，小叶卵形或椭圆形，有透叶腺点。穗状花序常1至数个顶生和枝端腋生，花冠深蓝紫色，只有1个旗瓣。荚果短小，弯曲，棕褐色，有瘤状腺点。花果期5~10月。原产美国，各地广泛栽培。紫穗槐系多年生优良绿肥、蜜源植物；耐瘠、耐水湿和轻度盐碱土，又能固氮，常栽植于河岸、河堤、沙地、山坡及铁路沿线，有护堤防沙、防风固沙的作用。

137 光滑米口袋 *Gueldenstaedtia maritima* Maxim.

米口袋属。多年生草本，主根直下。分茎较短，全株光滑无毛。小叶7~19片，长椭圆形至披针形，先端钝，具明显细尖。伞形花序有花2~4朵，总花梗约与叶等长；花冠红紫色，蝶形花冠，旗瓣卵形，翼瓣长倒卵形具斜截头，龙骨长卵形。荚果长圆筒状。花期3~5月，果期5~7月。黄河三角洲各地区都有分布，生于山坡、草地、田边等处。全草入药，具有解毒消肿的功效。

138 狭叶米口袋 *Gueldenstaedtia stenophylla* Bge.

米口袋属。多年生草本，主根直下。小叶7～19片，长椭圆形至披针形。伞形花序有花2～3朵；花冠粉红色。荚果长圆筒状，被长柔毛，成熟时毛稀疏，开裂。花期5月，果期6～7月。各地分布，生于山坡、草地。全草可入药，主治痈疽疗毒、化脓炎症，并有止泻的功效。

139 少花米口袋 *Gueldenstaedtia verna* (Georgi) Boriss.

米口袋属。多年生草本，主根直下。小叶7～19片，长椭圆形至披针形，两面被疏柔毛，有时上面无毛。伞形花序有花2～4朵，总花梗约与叶等长；花冠红紫色。荚果长圆筒状，被长柔毛，成熟时毛稀疏，开裂；种子圆肾形。花期5月，果期6～7月。黄河三角洲地区各地广布，生于山坡、路旁、田边等。全草入药，具有清热解毒、凉血消肿、清热利湿的功效。

140 糙叶黄耆 *Astragalus scaberrimus* Bge.

黄耆属。多年生草本，密被白色伏贴毛。根茎短缩，多分枝，木质化；全株密被白色"丁"字形毛。羽状复叶有7～15片小叶，小叶椭圆形或近圆形。总状花序生3～5花，排列紧密或稍稀疏，花冠淡黄色或白色。荚果披针状长圆形，微弯。花期4～8月，果期5～9月。各地有分布，生于山坡、路旁、荒地、石砾质草地、沿河流两岸的沙地。糙叶黄耆可作牧草及水土保持植物。

141 直立黄耆 *Astragalus adsurgens* Pall.

黄耆属。多年生草本。根较粗壮，暗褐色。羽状复叶，小叶片长圆形、近椭圆形或狭长圆形。总状花序穗状，生数花，排列密集，总花梗生于茎的上部；花冠蓝紫色，旗瓣倒卵圆形，翼瓣较旗瓣短，瓣片长圆形。荚果长圆形。花期6～8月，果期8～10月。黄河三角洲地区干旱地带多有野生分布，生于向阳山坡灌丛、草地、沟边、路旁及林缘地带。直立黄耆为优良牧草和保土植物；种子入药，为强壮剂，治神经衰弱。

142 苦马豆 *Sphaerophysa salsula* (Pall.) DC.

苦马豆属。半灌木或多年生草本，茎直立或下部匍匐，枝开展，具纵棱脊。小叶11～21片，倒卵形至倒卵状长圆形；托叶线状披针形，三角形至钻形，自茎下部至上部渐变小。总状花序常较叶长；蝶形花冠初呈鲜红色，后变紫红色；旗瓣瓣片近圆形，向外反折，翼瓣较龙骨瓣短，龙骨瓣裂片近成直角，先端钝。荚果椭圆形至卵圆形，膨胀，先端圆，果瓣膜质，外面疏被白色柔毛，缝线上较密；种子肾形至近半圆形，褐色种脐圆形凹陷。花期5～8月，果期6～9月。黄河三角洲地区干旱地区盐化草甸、强度钙质性灰钙土上有野生分布，生于山坡、草原、荒地、沙滩、戈壁绿洲、沟渠旁及盐池周围，较耐干旱。植株作绿肥及饲料；入药可用于治疗产后出血、子宫松弛及降低血压等。

143 甘草 *Glycyrrhiza uralensis* Fisch.

甘草属。多年生草本，根与根茎粗壮，外皮褐色，里面淡黄色，具甜味。茎直立，多分枝。羽状复叶，小叶5～17枚，卵形、长卵形或近圆形，两面均密被黄褐色腺点及短柔毛。总状花序腋生，具多数花，花冠紫色。荚果弯曲呈镰刀状，密集成球，密生瘤状突起和刺毛状腺体。花期6～8月，果期7～10月。黄河三角洲自然保护区有分布，生于干旱沙地、河岸砂质地、山坡草地及盐渍化土壤中。根和根茎供药用，具有补脾益气、清热解毒功效。

3.4.30 小二仙草科 Haloragaceae

144 狐尾藻 *Myriophyllum verticillatum* L.

狐尾藻属。多年生沉水草本。根茎发达，在水底泥中蔓延，节部生根。茎圆柱形。叶4～6轮生，羽状深裂。花常4朵轮生，由多数花排成近裸颓的顶生或腋生的穗状花序，生于水面上；雄花花瓣4；雌花具花瓣。分果广卵形。花果期4～9月。黄河三角洲地区各池塘、河沟、沼泽中常有生长，特别是在含钙的水域中更常见。穗状狐尾藻可作鱼、猪饲料。

3.4.31 菱科 Trapaceae

145 菱 *Trapa bispinosa* Roxb.

菱属。一年生浮水水生草本。叶互生，聚生于主茎或分枝茎的顶端，叶片菱圆形或三角状菱圆形，表面深亮绿色，背面灰褐色或绿色。花单生于叶腋，两性，花白色。坚果紫红色，果三角形或三角状菱形。花期5～10月，果期7～11月。黄河三角洲马踏湖有分布。果供食用或酿酒；入药有滋补强壮之效。

3.4.32 柳叶菜科 Onagraceae

146 小花山桃草 *Gaura parviflora* Douglas

山桃草属。一年生草本，全株有长柔毛。茎直立，不分枝或中上部少数分枝。叶互生，基生叶宽倒披针形，茎生叶狭椭圆形、长圆状卵形或菱状卵形，边缘有细齿或呈波状。花紫红色，密生成穗状花序，生于枝端；花萼4裂，反折。蒴果坚果状，纺锤形。花期7～8月，果期8～9月。原产北美洲，生于路旁、山坡、田间或荒地，黄河三角洲各地有引种并逸生为杂草。

3.4.33 山茱萸科 Cornaceae

147 红瑞木 *Swida alba* (L.) Opiz

梾木属。灌木，高达3m，枝血红色，具大而白色的髓。叶对生，纸质，椭圆形，两面疏生贴生柔毛。伞房状聚伞花序顶生，较密，花小，黄白色。核果长圆形，微扁，成熟时乳白色或蓝白色，花柱宿存。花期6～7月，果期8～10月。各地公园有栽培。红瑞木常引种栽培作庭园观赏植物；种子含油量约为30%，可供工业用。

3.4.34 卫矛科 Celastraceae

148 扶芳藤 *Euonymus fortunei* (Turcz.) Hand. -Mazz.

卫矛属。常绿或半常绿匍匐灌木，树上生不定根。叶薄革质，椭圆形、长方椭圆形或长倒卵形。聚伞花序3～4次分枝，最终小聚伞花密集，有花4～7朵，分枝中央有单花，花白绿色，4数。蒴果粉红色，果皮光滑，近球状；种子长方椭圆状，棕褐色，假种皮鲜红色，全包种子。花期6月，果期10月。公园栽培或生于山坡、山谷、地堰。茎叶药用，行气活血。

149 冬青卫矛 *Euonymus japonicus* Thunb.

卫矛属。常绿灌木，高可达3m。小枝4棱，具皱突。叶革质，有光泽，倒卵形或椭圆形。聚伞花序5～12花，花淡绿色，花瓣4，花瓣近卵圆形。蒴果近球状，淡红色；种子每室1，顶生，椭圆状，假种皮橘红色，全包种子。花期6～7月，果熟期9～10月。黄河三角洲各地有栽培，观赏或作绿篱。

3.4.35 冬青科 Aquifoliaceae

150 构骨 *Ilex cornuta* Lindl.

冬青属。常绿灌木。叶硬革质，矩圆状四方形，具2~5个坚硬刺齿，叶面深绿色，具光泽，背淡绿色，无光泽，两面无毛。花序簇生于二年生枝的叶腋内，基部宿存鳞片近圆形。果球形，成熟时鲜红色，基部具四角形宿存花萼，顶端宿存柱头盘状，明显4裂。花期4~5月，果期10~12月。各地公园及庭院有栽培，供观赏。叶、果作滋补强壮药。

3.4.36 黄杨科 Buxaceae

151 小叶黄杨 *Buxus sinica* var. *parvifolia* M. Cheng

黄杨属。常绿灌木，小枝四棱形。叶薄革质，阔椭圆形或阔卵形，叶片无光或光亮，侧脉明显突出。头状花序，腋生，密集，花序被毛，苞片阔卵形；雄花无花梗，外萼片卵状椭圆形，内萼片近圆形，无毛；雌花子房较花柱稍长，无毛。蒴果近球形，无毛。3月开花，5~6月结果。各地庭院及公园有栽培，供观赏或作绿篱。

3.4.37　大戟科 Euphorbiaceae

152 地锦　*Euphorbia humifusa* Willd.

大戟属。一年生匍匐小草本，全株无毛。茎、叶、总苞常带紫红色。叶对生，矩圆形或椭圆形，先端钝圆，基部偏斜。花序单生于叶腋，雄花数枚，近与总苞边缘等长；雌花1枚，子房柄伸出至总苞边缘。蒴果三棱状卵球形，成熟时分裂为3个分果爿，花柱宿存。花果期5～10月。各地有分布，生于山坡、田间、荒地、路旁等。全草入药，能清热解毒、利尿、止血。

153 斑地锦　*Euphorbia supina* Rafin.

大戟属。本种与地锦的区别是：叶片中央具一紫斑，背面有毛；枝及果亦被毛。花果期4～9月。原产北美洲，各地都有分布，生于平原或低山坡的路旁。生境与功能同地锦。

154 小叶大戟 *Euphorbia makinoi* Hayata

大戟属。一年生草本。茎匍匐，自基部多分枝，略呈淡红色，节间常具多数分枝的不定根。叶对生，椭圆状卵形，长3～5mm，宽2～3.5mm，先端圆，基部偏斜，不对称。花序单生，雄花3～4，近于总苞边缘；雌花1枚，子房柄伸出总苞外。蒴果三棱状球形，花柱易脱落；种子卵状四棱形，黄色或淡褐色，平滑，无种阜。花果期5～10月。各地均有分布，生于干旱山坡、草地、沟边。全草入药，具有泻下逐饮、消肿散结的功效。

155 泽漆 *Euphorbia helioscopia* L.

大戟属。一年生或二年生草本，全株含乳汁。叶互生，倒卵形或匙形，先端微凹。茎顶有5片轮生的叶状苞。总花序多歧聚伞状。蒴果三棱状阔圆形，光滑，无毛，具明显的三纵沟，成熟时分裂为3个分果爿。花果期4～10月。广布于各地，生于山坡、路旁、荒地等。根入药，利尿消肿、化痰散结、杀虫止痒。

156 蓖麻 *Ricinus communis* L.

蓖麻属。一年生粗壮草本或草质灌木。叶掌状分裂，叶柄盾状着生。花单生同株，总状花序或圆锥花序。蒴果球形，果皮有软刺。花期几全年或6～9月。各地普遍栽培。根、茎、叶、种子均可入药，能祛湿通络、消肿拔毒；种子可榨油，为重要的工业用油原料。

157 铁苋菜 *Acalypha australis* L.

铁苋菜属。一年生草本。叶椭圆状披针形，基部楔形，三出脉。雄花生于花序上部，雌花生于花序下部苞片内，苞片如蚌状。蒴果具3个分果爿，果皮具疏生毛和毛基变厚的小瘤体。花期7～10月，果期8～10月。各地普遍分布，生于山坡、田野、路旁、荒地等。全草入药，治肠炎、菌痢、肝炎等。

3.4.38 鼠李科 Rhamnacea

158 酸枣 *Ziziphus jujuba* Mill. var. *spinosa* (Bge.)Hu ex H. F. Chow

枣属。常为灌木，小枝有针状直形和向下反曲的两种刺。叶基出3主脉，叶缘具细锯齿。核果小，近球形，红褐色，味酸。花期6~7月，果期8~9月。各地都有分布，生于山坡。果酿酒；种仁入药，"酸枣仁"有镇静安神的功效。

3.4.39 葡萄科 Vitaceae

159 蘡薁 *Vitis adstricta* Hance

葡萄属。木质藤本。叶多3深裂，中裂片菱形，3裂或不裂。叶下面、叶柄、幼枝及花序轴密生锈色绒毛。果紫色。花期4~8月，果期6~10月。邹平南部山区有分布，生于山坡灌丛中。全株入药，祛风湿、消肿毒；果可酿酒。

160 五叶地锦 *Parthenocissus quinquefolia* (L.) Planch.

地锦属。木质藤本，植株无毛。小枝圆柱形，无毛。卷须总状5～9分枝，相隔2节间断与叶对生，卷须顶端嫩时尖细卷曲，后遇附着物扩大成吸盘。掌状复叶，小叶5。花期6～7月，果期8～10月。原产北美洲，公园绿化有引种栽培，为城市垂直绿化的优良材料。

161 爬山虎 *Parthenocissus tricuspidata* (Sieb. et Zucc.) Planch.

地锦属。大型落叶木质藤本。卷须短，末端有吸盘。幼苗叶或下部枝上叶3全裂或分成3小叶，上部叶常3浅裂，基部心形。浆果蓝色。花期6月，果期9～10月。邹平南部山区有分布，各地亦有栽培，常攀缘于墙壁或山崖上。根、茎入药，破瘀血、消肿毒；果可酿酒。

162 白蔹 *Ampelopsis japonica* (Thunb.) Makino

蛇葡萄属。木质藤本，有块根，小枝圆柱形。叶轴有阔翅，叶裂片基部具关节。聚伞花序通常集生于花序梗顶端，通常与叶对生。果实球形，成熟后带白色，有种子1~3颗。花期5~6月，果期7~9月。黄河三角洲贝壳堤岛野生分布，生于地边、灌丛或草地。全株及块根入药，清热解毒、消肿止痛。

163 乌蔹莓 *Cayratia japonica* (Thunb.) Gagnep.

乌蔹莓属。多年生草质藤本。卷须2~3叉分枝，相隔2节间断与叶对生。复叶呈鸟足状，具5小叶。聚伞花序腋生或假顶生，花小，黄绿色，花瓣4，雄蕊4。浆果黑色。花期3~8月，果期8~11月。邹平南部山区有零星分布，生于山坡灌丛。全草可药用，有凉血解毒、利尿消肿的功效。

3.4.40 槭树科 Aceraceae

164 三角槭 *Acer buergerianum* Miq.

槭属。落叶乔木，高可达10m。树皮青绿色或灰绿色，老年树多呈块状剥落。叶纸质，宽卵形或倒卵形，常3裂，裂深常为全叶片的1/4～1/3。伞房状圆锥花序，花瓣5，淡黄色。翅果黄褐色，小坚果特别突起，两果翅呈钝角或平角张开。花期4～5月，果期8～9月。城市绿化或公园中有分布，生于山坡、山谷杂木林。三角槭可作庭院观赏树。

165 元宝槭 *Acer truncatum* Bge.

槭属。落叶乔木，树皮灰褐色或深褐色，深纵裂。叶纸质，基部截形或浅心形，掌状5裂，中裂片有时又3裂。花黄绿色，杂性，雄花与两性花同株，常成无毛的伞房花序，萼片5，黄绿色，花瓣5，淡黄色或淡白色，长圆倒卵形；雄蕊8，花药黄色，花丝无毛。小坚果翅与果体等长，成熟时淡黄色或淡褐色，常呈下垂的伞房果序。花期4月，果期8月。各地有栽培，作风景树，供观赏。

3.4.41 漆树科 Anacardiaceae

166 黄栌 *Cotinus coggygria* Scop. var. *cinerea* Engl.

黄栌属。落叶小乔木或灌木，树冠圆形，木质部黄色，树汁有异味。圆锥花序疏松、顶生，花小、杂性，仅少数发育；不育花的花梗花后伸长，被羽状长柔毛，宿存。核果小，干燥，肾形扁平；种子肾形，无胚乳。花期5～6月，果期7～8月。木材黄色，古代作黄色染料；叶含芳香油，为调香原料；叶秋季变红，美观，北京称之"西山红叶"。

167 黄连木 *Pistacia chinensis* Bge.

黄连木属。落叶乔木，树干扭曲，树皮暗褐色，呈鳞片状剥落。偶数羽状复叶互生，有小叶5～6对，纸质，披针形或卵状披针形或线状披针形。花单性异株，先花后叶，圆锥花序腋生，雄花序排列紧密，雌花序排列疏松。核果倒卵状球形，略压扁，成熟时紫红色。邹平南部山区有分布，生于山坡、山谷杂木林。木材鲜黄色，可提黄色染料；材质坚硬致密，可供家具和细工用材。

168 火炬树 *Rhus typhina* L.

盐肤木属。落叶灌木或小乔木。小枝粗壮，红褐色，密生绒毛。奇数羽状复叶，小叶19~23，长椭圆状披针形，叶缘有锐锯齿。雌雄异株，圆锥花序长10~20cm，直立，密生绒毛；花白色。核果深红色，密被毛，密集成火炬形。花期6~7月，果期9~10月。原产美国，我国1959年引入，现华北、西北常见栽培，因适应性强，耐干旱瘠薄、耐盐碱，根系发达，萌蘖力极强，生长速度较快，成为外来入侵植物。黄河三角洲均有分布，生于山坡、沟边、路旁等。部分地区用来护坡固堤及封滩固沙。

3.4.42 楝科 Meliaceae

169 楝 *Melia azedarach* L.

楝属。落叶乔木，树皮灰褐色，纵裂。2~3回奇数羽状复叶。聚伞状圆锥花序顶生；花紫色，花萼5深裂，花瓣5，雄蕊10，花丝联合成筒状。核果。花期4~5月，果期10~12月。各地有栽培或野生。树皮、叶和果实入药，驱虫、理气、止痛等。

3.4.43 芸香科 Rutaceae

170 枳橘 *Poncirus trifoliata* (L.) Raf.

枳属。小乔木，树冠伞形或圆头形。树有棱角，常绿，密生粗壮棘刺。叶柄有狭长的翼叶，通常指状三出叶。花单朵或成对腋生，花瓣白色，匙形；雄蕊通常20枚，花丝不等长。果圆球形，绿色。花期5～6月，果期10～11月。公园或绿化栽培较多，可作绿篱。果实入药，破气消积、疏肝理气、止痛。

3.4.44 蒺藜科 Zygophyllaceae

171 蒺藜 *Tribulus terrestris* L.

蒺藜属。一年生草本，茎平卧。偶数羽状复叶，互生或对生。花小，黄色，单生叶腋；花萼、花瓣各为5，雄蕊10，基部有鳞片腺体。分果瓣具刺。5～8月开花，6～9月结果。各地普遍分布，生于荒野、田边、路旁。果实入药，有散风、平肝、明目之效。

172 小果白刺 *Nitraria sibirica* Pall.

白刺属。具刺灌木。小枝灰白色，不孕枝先端刺针状。叶近无柄，在嫩枝上4～6片簇生。聚伞花序长1～3cm，被疏柔毛。核果成熟时深紫色，椭圆形或近球形，两端钝圆。花期5～6月，果期7～8月。沾化、无棣、垦利等盐碱较重地区有分布，生于盐碱地。果酸甜可食；入药可治肺病和胃病。

3.4.45 酢浆草科 Oxalidaceae

173 酢浆草 *Oxalis corniculata* L.

酢浆草属。多年生草本，全株被柔毛。根茎稍肥厚。茎细弱，多分枝，直立或匍匐。三出复叶，小叶3，无柄，倒心形。花单生或数朵集为伞形花序状，腋生，花瓣5，黄色，长圆状倒卵形。蒴果长圆柱形。花果期2～9月。各地广布，生于山坡草地、河谷沿岸、路边、田边、荒地或林下阴湿处等。全草入药，具解热利尿、消肿散淤的功效。

3.4.46 牻牛儿苗科 Geraniaceae

174 野老鹳草 *Geranium carolinianum* L.

老鹳草属。一年生草本，茎直立或仰卧，具棱角，密被倒向短柔毛。茎生叶互生或最上部对生，叶片圆肾形，基部心形，掌状5～7裂近基部。花序腋生和顶生，长于叶，被倒生短柔毛和开展的长腺毛，每总花梗具2花，顶生总花梗常数个集生，花序呈伞状；花瓣淡紫红色，雌蕊稍长于雄蕊，密被糙柔毛。蒴果被短糙毛，果瓣由喙上部先裂向下卷曲。花期4～7月，果期5～9月。原产美洲，我国为逸生，黄河三角洲各地均有分布，生于平原和低山荒坡杂草丛中。全草入药，有祛风收敛和止泻之效。

175 鼠掌老鹳草 *Geranium sibiricum* L.

老鹳草属。一年生或多年生草本，根为直根。茎仰卧或近直立，多分枝。叶对生，下部叶片肾状五角形，基部宽心形，掌状5深裂。总花梗丝状，单生于叶腋，长于叶，花瓣倒卵形，淡紫色或白色。蒴果被疏柔毛，果梗下垂。花期6～7月，果期8～9月。邹平南部山区有野生分布，生于林缘、疏灌丛，或为杂草。传统医学将其用于治疗疱疹性角膜炎。

176 牻牛儿苗 *Erodium stephanianum* Willd.

牻牛儿苗属。一年生或二年生草本。茎多数，仰卧或蔓生。叶二回羽状深裂，具长柄。伞形花序腋生，明显长于叶；花蓝紫色。蒴果成熟时5个果瓣与中轴分离，喙部呈螺旋状卷曲。花期6～8月，果期8～9月。各地均有分布，生于山坡、路边。全草入药，有强筋骨、祛风湿、清热解毒的功效。

3.4.47 伞形科 Apiaceae

177 蛇床 *Cnidium monnieri* (L.) Cuss.

蛇床属。一年生草本。根圆锥状，较细长。茎直立或斜上。叶片轮廓卵形至三角状卵形，基生叶2～3回三出式羽状分裂，先端常略呈尾状，末回裂片线形至线状披针形。总苞片8～10，条形，小总苞片多数，线形，长3～5mm，边缘具细睫毛。小伞形花序具花15～20，花白色。双悬果，主棱翅状。花期4～7月，果期6～10月。各地有分布，生于田野、路边。果实"蛇床子"入药，有祛风湿、杀虫、止痒的功效。

3.4.48 夹竹桃科 Apocynaceae

178 罗布麻 *Apocynum venetum* L.

罗布麻属。直立半灌木，具乳汁。枝条圆筒形，紫红色或淡红色。叶对生，椭圆状披针形。圆锥状聚伞花序顶生，有时腋生；花冠圆筒状钟形，紫红色或粉红色，两面密被颗粒状突起。蓇葖2，平行或叉生，下垂。花期6~7月，果期9~10月。黄河三角洲沿海地区大片分布，生于盐碱地。茎纤维可供纺织，是我国野生大面积的纤维植物；嫩叶蒸炒揉制后当茶叶饮用，有清凉去火、防止头晕和强心的功用。

3.4.49 萝藦科 Asclepiadaceae

179 杠柳 *Periploca sepium* Bge.

杠柳属。落叶蔓生藤本，具乳汁，除花外，全株无毛。主根圆柱状，外皮灰棕色，内皮浅黄色。叶披针形，对生，叶背淡绿色。聚伞花序腋生，着花数朵；花冠外面绿色，内面紫色，周边被柔毛。蓇葖果细长，近圆形。花期5~6月，果期7~9月。黄河三角洲贝壳堤岛有分布。根皮入药，称"北五加皮"，有祛风湿、强筋骨之效。

180 地梢瓜 *Cynanchum thesioides* (Freyn) K. Schum.

鹅绒藤属。多年生直立草本，含乳汁。茎直立或斜升，上部缠绕，多自基部分枝，密生灰黄色短柔毛。叶对生，线性或线状披针形。聚伞花序伞状，生叶腋，花冠裂片5个，黄白色或绿白色。蓇葖果纺锤形。花期5～8月，果期8～10月。各地普遍分布，生于山坡、路边、荒地草丛。全株含橡胶和树脂，可作工业原料；幼果可食；全草入药，止咳平喘。

181 鹅绒藤 *Cynanchum chinense* R. Br.

鹅绒藤属。缠绕草本，主根圆柱状。全株被柔毛。叶对生，薄纸质，叶三角状心形，叶面深绿色，叶背苍白色，两面均被短柔毛。伞形聚伞花序腋生，着花约20朵；花冠白色。蓇葖双生或仅有1个发育，细圆柱状，向端部渐尖。花期6～8月，果期8～10月。各地广泛分布，生于山坡路旁、灌丛中。入药作祛风剂用。

182 萝藦 *Metaplexis japonica* (Thunb.) Makino

萝藦属。多年生草质藤本,具乳汁。茎圆柱状,下部木质化,上部较柔韧。叶膜质,卵状心形,叶面绿色,叶背粉绿色,两面无毛,叶柄顶端丛生腺体。总状聚伞花序腋生或腋外生,花冠白色,带紫色斑纹,裂片先端反卷,内面被柔毛。蓇葖果叉生,纺锤形,平滑无毛,果皮具瘤状突起。花期7~8月,果期9~10月。各地普遍分布,生于山坡、荒地、林缘。块根、果皮和全草入药,可治跌打、蛇咬、疗疮等。

3.4.50 茄科 Solanaceae

183 枸杞 *Lycium chinense* Mill.

枸杞属。多分枝灌木。枝常弯曲下垂,淡灰色,有纵条纹,有棘刺。叶纸质或栽培者质稍厚,单叶互生或2~4枚簇生,叶卵形、卵状菱形或卵状披针形。花萼通常3裂,或4~5裂;花冠淡紫色,裂片边缘具缘毛。浆果卵圆形,橙红色。花果期6~11月。各地都有分布,生于山坡、路旁、村边宅旁。由于耐干旱,枸杞可生长在沙地,常作为水土保持的灌木;果实"枸杞子"入药,为滋补强壮剂;根皮"地骨皮"入药,有解热止咳之效。

184 白英 *Solanum lyratum* Thunb.

茄属。多年生草质藤本。茎密生具节长柔毛。单叶互生，叶戟形或琴形，常3～5深裂，裂片全缘。聚伞花序顶生或腋外生，花白色或蓝紫色。浆果球形，成熟时红黑色。花期7～8月，果期8～10月。邹平南部山区有分布，喜生于山谷草地或路旁、田边。全草入药，有清热解毒、祛风湿、利尿的功效。

185 龙葵 *Solanum nigrum* L.

茄属。一年生直立草本。茎无棱或棱不明显，绿色或紫色。叶卵形。花序短蝎尾状，腋生，由3～6（～10）花组成；花冠白色，筒部隐于萼内。浆果球形，熟时黑色。花期6～7月。各地广泛分布，生于山坡、路旁、田间、草地。全草入药，有散瘀消肿、清热解毒的功效。

186 青杞 *Solanum septemlobum* Bge.

茄属。直立草本或灌木状。茎具棱角，被白色具节弯卷的短柔毛至近于无毛。叶互生，卵形，5～7羽裂，裂片披针形或卵状长圆形，两面疏被短柔毛，中脉、侧脉及边缘毛较密。二歧聚伞花序，顶生或腋外生；花萼杯状，疏被柔毛；花冠蓝紫色。浆果近球状或卵圆形，熟时红色。花期8～9月，果期10月。各地有野生，生于山坡向阳处、村边、路旁。全草入药，有清热解毒的功效。

187 曼陀罗 *Datura stramonium* L.

曼陀罗属。草本或半灌木状，全体近于平滑。茎粗壮，圆柱状，淡绿色或带紫色，下部木质化。叶宽卵形，缘有不规则波状浅裂。花单生于枝杈间或叶腋，直立，有短梗；花萼筒有5棱；花冠漏斗状，下半部带绿色，上部白色或淡紫色，檐部5浅裂，裂片有短尖头；雄蕊不伸出花冠。蒴果直立，具长短不等的短刺，熟时规则4瓣裂。花期6～10月，果期7～11月。各地有分布，生于田边、路旁及住宅附近。花及全草入药，有镇静、镇痛的功效。

3.4.51 旋花科 Convolvulaceae

188 菟丝子 *Cuscuta chinensis* **Lam.**

菟丝子属。一年生寄生草本。茎缠绕，纤细，黄色。花序侧生，少花或多花簇生成小伞形或小团伞花序；花冠白色，壶形。蒴果球形，几乎全为宿存的花冠包围。花果期7～10月。各地都有分布，生于豆田、荒地草丛，寄生于豆科植物体上。种子入药，称"菟丝子"，为滋养性强壮收敛药，治阳痿、遗精、遗尿等症。

189 金灯藤 *Cuscuta japonica* **Choisy**

菟丝子属。一年生寄生缠绕草本。茎较粗壮，肉质，黄色，常带紫红色瘤状斑点，无毛，无叶。花无柄或几无柄，形成穗状花序；花冠钟状，淡红色或绿白色；雄蕊5，着生于花冠喉部裂片之间，花药卵圆形。黄色蒴果卵圆形。花期8月，果期9月。无棣贝壳堤岛形成大片群落，寄生于草本或灌木上。其寄生习性对一些木本植物造成危害。种子药用，功效同菟丝子。

190 藤长苗 *Calystegia pellita* (Ledeb.) G. Don

打碗花属。多年生蔓生草本，茎缠绕或下部直立，圆柱形，有细棱，全体被柔毛。叶长椭圆形或线形，全缘，基部两侧有不明显的小耳，两面均被柔毛，叶柄短。花腋生，单一，花梗短于叶，密被柔毛；花冠淡红色，漏斗状，瓣中带顶端被黄褐色短柔毛。蒴果近球形；种子卵圆形，无毛。花期6～9月，果期10～11月。邹平南部山区丘陵均有分布，生于路边、荒地草丛。全草可作猪饲料；亦可入药，有益气利尿、强筋续骨、活血祛瘀的功效。

191 打碗花 *Calystegia hederacea* Wall. ex Roxb.

打碗花属。一年生草本，全体不被毛，植株通常矮小。叶片三角状戟形或三角状卵形，侧裂片展开，常2裂。花腋生，1朵，花梗长于叶柄，花苞片2，卵圆形，包于花萼外，花冠淡紫色或淡红色，钟状；雄蕊近等长，花丝基部扩大，贴生花冠管基部。蒴果卵球形，宿存萼片与之近等长或稍短。花期7～9月，果期8～10月。各地有分布，生于山坡、荒地、田野。全草入药，有调经活血、滋阴补虚之效。

192 肾叶打碗花 *Calystegia soldanella* (L.) R. Br.

打碗花属。多年生草本，全体近于无毛。茎细长，平卧。叶肾形，质厚，顶端圆或凹，具小短尖头，全缘或浅波状；叶柄长于叶片，或从沙土中伸出很长。花腋生，1朵，花梗长于叶柄；苞片宽卵形，比萼片短；花冠淡红色，钟状。蒴果卵球形。花期5～6月，果期6～8月。无棣贝壳堤岛野生分布，生于海滨沙地中。肾叶打碗花可用作优良饲草或者海滨绿化植物。

193 田旋花 *Convolvulus arvensis* L.

旋花属。多年生蔓生草本，茎平卧或缠绕，无毛或上部有疏柔毛。叶戟形至披针形，3裂或全缘，侧裂片展开，微尖；中裂片卵状椭圆形、狭三角形或披针状长圆形，微尖或近圆；叶柄较叶片短。花序腋生，花柄中部有2线形苞片，花冠宽漏斗形，白色或粉红色，5浅裂，雄蕊5，较花冠短一半。蒴果卵状球形或圆锥形，无毛。5～8月开花，8～9月果实成熟。各地均有分布，生于山坡、路边、荒地。全草入药，调经活血、滋阴补虚。

194 圆叶牵牛 *Pharbitis purpurea* (L.) Voigt.

牵牛属。一年生缠绕草本，全株被粗硬毛。茎缠绕。叶圆形，基部心形，全缘。花紫红色、粉红色；萼片椭圆形；花冠漏斗状。花期5～10月，果期8～11月。原产美洲，各地有栽培和野生于荒野。种子入药，利尿、消肿、驱虫。

195 裂叶牵牛 *Pharbitis nille* (L.) Choisy

牵牛属。一年生缠绕草木。叶近卵状心形，深或浅3裂。花冠漏斗状，白色、蓝紫色或紫红色，顶端5浅裂；萼片披针形，不向外反曲。蒴果球形。原产热带美洲，各地有栽培或野生。种子（黑丑、白丑）药用，入药多用黑丑，有泻水利尿、逐痰、杀虫的功效。

3.4.52　紫草科 Boraginaceae

196 砂引草　*Messerschmidia sibirica* **L.**

砂引草属。多年生草本，根茎细长，植株具白色长柔毛。叶狭矩圆形或线形。花序顶生，花冠白色。核果椭圆球形。花期5～7月，果期7～8月。黄河三角洲海滩及盐碱地广布，生于海滨沙地、干旱荒漠及山坡道旁。砂引草既是优良牧草，也可作为优良耐盐碱绿化植物；花可提取香料；植株可入药，外用消肿、治关节痛。

197 鹤虱　*Lappula myosotis* **V. Wolf**

鹤虱属。一年生或二年生草本，茎直立，植株具细糙毛。叶倒披针状线形。花冠淡蓝色，漏斗状至钟状，檐部直径3～4mm，裂片长圆状卵形，喉部附属物梯形。小坚果棱脊上具2～3行钩刺。花果期6～9月。各地都有分布，生于路边、山坡草丛。果实为驱虫药；种子可榨油。

198 麦家公 *Lithospermum arvense* L.

紫草属。一年生草本，根梢含紫色物质。茎通常单一。叶无柄，倒披针形至线形，两面均有短糙伏毛。聚伞花序生枝上部，花冠高脚碟状，白色。小坚果三角状卵球形，灰褐色，有疣状突起。花果期4~8月。各地都有分布，生于路边、山坡草丛或田边。开花前可作为优良饲料；也可药用，有温中健胃、清热解毒的功效。

199 附地菜 *Trigonotis peduncularis* (Trev.) Benth. ex Baker et Moore

附地菜属。一年生或二年生草本，纤细草本，有短糙状毛。基生叶呈莲座状，茎生叶具长柄，叶椭圆状卵形。萼片先端渐尖；花冠淡蓝色或粉色，筒部甚短，喉部附属5，白色或带黄色。小坚果4，斜三棱锥状四面体形。花期3~6月，果期5~7月。山东省各地有分布，生于山坡、田边、路旁、荒地。全草入药，有清热、消炎、止痛、止血的功效。

3.4.53　马鞭草科 Verbenaceae

200 荆条　*Vitex negundo* var. *heterophylla* (Franch.) Rehd.

牡荆属。灌木或小乔木。小枝四棱形，老枝圆筒形，密生灰白色绒毛。掌状复叶，5小叶，有时3，披针形或椭圆状披针形，边缘具缺刻状锯齿，浅裂至羽状深裂，上面绿色，背面淡绿色或灰白色。圆锥花序顶生；二唇形花冠蓝紫色。核果近球形，被宿存花萼包被。花期4～6月，果期7～10月。邹平南部山区有分布。根、茎、叶及果实入药，有散风除湿、祛痰止咳的功效。

201 单叶蔓荆　*Vitex trifolia* L. var. *simplicifolia* Cham.

牡荆属。灌木，茎匍匐，节处常生不定根。单叶对生，叶片倒卵形或近圆形，顶端通常钝圆或有短尖头，基部楔形，全缘。圆锥花序顶生，花冠淡紫色或蓝紫色，花冠管内有较密的长柔毛，二唇形。核果近圆形，成熟时黑色，果萼宿存，外被灰白色绒毛。花期7～8月，果期8～10月。分布于无棣贝壳砂滩、海边。干燥成熟果实供药用，具有疏散风热的功效。

3.4.54 唇形科 Lamiaceae

202 **狭叶黄芩** *Scutellaria regeliana* Nakai

黄芩属。多年生草本，茎直立，四棱形，具沟槽。叶具极短的柄，粗壮，密被短柔毛；叶片披针形或三角状披针形，先端钝，全缘，上面密被微糙毛，下面密被微柔毛。花单生于茎中部以上的叶腋，偏向一侧；花冠蓝色，外面被短柔毛，内面在冠筒囊大部分上方及上唇与2侧裂片接合处疏被短柔毛，冠檐二唇形，上唇盔状，下唇3裂。雄蕊4，均内藏；花丝扁平，花柱细长，花盘环状，前方微膨大。小坚果黄褐色，卵球形，具瘤状突起。花期6~7月，果期7~9月。滨州黄河大坝以及阳信德惠新河两岸有分布，生于向阳山坡灌丛及草地。根入药，清热、解毒、消炎。

203 **夏至草** *Lagopsis supina* (Steph.) IK. -Gal. ex Knorr.

夏至草属。多年生草本，披散于地面或上升，具圆锥形的主根。茎四棱形，具沟槽，基部多分枝。叶近圆形，掌状3深裂。轮伞花序疏花，在主茎或侧枝组成密集的圆筒形穗状花序；花白色，稀粉红色；花冠筒稍伸出萼筒。小坚果卵状长圆形。花期3~4月，果期5~6月。各地广泛分布，生于阴湿山坡、路旁。全草入药，具有清暑、健脾、止吐的功效。

204 藿香 *Agastache rugosa* (Fish. et Mey.) O. Ktze.

藿香属。多年生草本，有芳香气味。茎直立，四棱形。叶心状卵形，具长柄，先端尖，两面有透明腺点。轮伞花序多花，在主茎或侧枝上组成顶生密集的圆筒形穗状花序；花冠淡蓝紫色。成熟小坚果卵状长圆形，腹面具棱，先端具短硬毛，褐色。花期6～9月，果期9～11月。鹤伴山等山区有分布或各地栽培，生于山谷、溪旁湿地。全草入药，有止呕吐、治霍乱腹痛、驱逐肠胃充气、清暑等功效。

205 益母草 *Leonurus japonicus* Houtt.

益母草属。一年生或二年生草本，茎直立，钝四棱形，微具槽；有倒向糙状毛。茎下部叶卵形，掌状3裂，裂片再羽状3裂，呈长圆状菱形至卵圆形，有长柄；中部叶菱形，羽状深裂至掌状3全裂，呈长圆状线形；顶端叶线形。轮伞花序腋生，具8～15花；花粉红色至淡紫色。小坚果长圆状三棱形，淡褐色，光滑。花期6～9月，果期9～10月。各地有分布，生于山谷、田野、路旁。全草及种子入药，主治月经不调、痛经等。

206 丹参 *Salvia miltiorrhiza* Bge.

鼠尾草属。多年生直立草本；根肥厚，肉质，外面朱红色，内面白色；茎直立，四棱形。叶常为奇数羽状复叶，小叶3～5（～7），草质，两面被疏柔毛，叶轴密被长柔毛。轮伞花序6花或多花；花冠二唇形，紫蓝色；能育雄蕊2枚，杠杆状。小坚果黑色，椭圆形。花果期4～8月。邹平南部山区有分布，生于山坡、林下、溪旁。根入药，有活血调经、祛瘀生新、消肿止痛之效。

207 荔枝草 *Salvia plebeia* R. Br.

鼠尾草属。一年生或二年生草本，主根肥厚，茎被灰白色柔毛。单叶，椭圆状卵形或椭圆状披针形，草质，下面被黄褐色腺点。轮伞花序6花，多数，在茎、枝顶端密集组成总状花序或总状圆锥花序，花萼外面有金黄色腺点；花冠二唇形，花冠淡红色、淡紫色、蓝紫色至蓝色，稀白色。小坚果倒卵圆形。花期4～5月，果期6～7月。各地普遍分布，生于山坡、沟边湿地。全草入药，有清热解毒、利尿消肿、凉血止血的功效。

208 薄荷 *Mentha haplocalyx* Briq. Kudo

薄荷属。多年生草本，有香气。茎直立，锐四棱形，具4槽，上部被倒生短毛。叶长圆状披针形，边缘在基部以上疏生牙齿状锯齿，两面有腺点。轮伞花序腋生；花冠淡紫色，漏斗形近于整齐，4裂；雄蕊4，伸出冠外。小坚果卵珠形，黄褐色，具小腺窝。花期7～9月，果期10月。各地有分布，生于溪边、河岸、路旁湿地。全草入药，有祛风热、清利头目的功效；也可提取挥发油。

209 地笋 *Lycopus lucidus* Turcz.

地笋属。多年生草本，根茎横走，具节，节上密生须根，顶端肥厚肉质圆柱形。茎直立，通常不分枝，四棱形，具槽，绿色，常于节上多少带紫红色。叶对生，长圆状披针形，边缘具锐尖粗牙齿状锯齿，叶片下面具凹陷的腺点。轮伞花序无梗，花冠白色，能育雄蕊2个。小坚果倒卵圆状四边形。花期6～9月，果期8～11月。各地有分布，生于沼泽地、水边、沟边等潮湿处。全草入药，具有降血脂、通九窍、利关节、养气血等功能。

210 宝盖草 *Lamium amplexicaule* L.

野芝麻属。一年生或二年生草本。茎下部叶具长柄，上部叶无柄，叶片均圆形或肾形。轮伞花序6～10花，常有闭花受精的花；花冠冠檐二唇形，紫红色，外面除上唇被有较密带紫红色的短柔毛外，余部均被微柔毛，内面无毛环，冠筒细长。小坚果倒卵圆形，具3棱。花期3～5月，果期7～8月。各地常见，生于路旁、林缘、沼泽草地及宅旁等地，或为田间杂草。全草药用，具祛风、通络、消肿、止痛功效。

3.4.55 车前科 Plantaginaceae

211 大车前 *Plantago major* L.

车前属。二年生或多年生草本，须根多数，根茎粗短。叶基生呈莲座状，叶片纸质，宽卵形至宽椭圆形，长3～18（～30）cm，宽2～11（～21）cm，先端钝尖或急尖，边缘波状或近全缘。花序1至数个；花序梗直立或弓曲上升，长（2～）5～18（～45）cm；穗状花序细圆柱状。蒴果近球形。花期6～8月，果期7～9月。黄河三角洲地区常见，生于草地、沟边、沼泽地、山坡、路旁荒地。全草和种子药用，具有清热利尿、祛痰、凉血、解毒功效。

212 车前 *Plantago asiatica* L.

车前属。二年生或多年生草本，须根系。叶基生呈莲座状，平卧、斜展或直立；叶

片薄纸质或纸质，宽卵形至宽椭圆形，边缘常波状，两面疏生短柔毛；叶脉5~7条。穗状花序圆柱状，较细长；苞片狭卵状三角形或三角状披针形；花冠白色，无毛；雄蕊着生于冠筒内面近基部，与花柱明显外伸，花药黄白色。蒴果纺锤状卵形。花期4~8月，果期6~9月。各地广泛分布，生于山坡、田野、路边、宅院等地。种子入药称"车前子"，有清热、利尿、祛痰、明目之效。

213 平车前 *Plantago depressa* Willd.

车前属。一年生或二年生草本，直根系。叶椭圆形或椭圆状披针形，边缘有不整齐锯齿。花药黄白色。蒴果纺锤形。各地广泛分布。生境、用途同车前。

214 长叶车前 *Plantago lanceolata* L.

车前属。多年生草本，直根粗长。根茎粗短，不分枝或分枝。叶基生呈莲座状，叶片纸质，披针形、线状披针形或椭圆状披针形，边缘全缘或具极疏的小齿；叶柄较细，基部略扩大成鞘状，被长柔毛。花序3～15个；花序梗直立或弓曲上升，穗状花序圆柱状；苞片卵形或椭圆形，先端膜质，龙骨突匙形，密被长粗毛；花冠白色，无毛。蒴果狭卵球形。花期5～6月，果期6～7月。黄河三角洲沿海地区有分布，生于海滩、路边、草地。全草入药，有清热、利尿、祛痰、明目的功效。

3.4.56 玄参科Scrophulariaceae

215 毛泡桐 *Paulownia tomentosa* (Thunb.) Steud.

泡桐属。乔木，高达20m，树冠宽大伞形，树皮褐灰色。叶宽卵形至卵状心形。幼枝及叶均具黏质腺毛。大型圆锥花序，花冠蓝紫色，漏斗状钟形，在离管基部约5mm处弓曲，向上突然膨大，外面有腺毛，内面几无毛，檐部二唇形。蒴果卵形。幼时被黏质腺毛。花期4～5月，果期8～9月。各地普遍栽培。根、果入药，根有祛风、解毒、止痛的功效，果有化痰止咳的功效。

216 地黄 *Rehmannia glutinosa* (Gaert.) Libosch.

地黄属。多年生草本，根膨大，黄色。全体密被白色长腺毛。叶基生，叶片卵形至长椭圆形，上面绿色，下面略带紫色或呈紫红色。总状花序，花冠筒多少弓曲，外面紫红色，被多细胞长柔毛；花冠裂片，5枚。蒴果卵形至长卵形。花果期4～7月。各地常见分布，生于路边、山坡。根入药，生用清热凉血、止血，熟用滋阴补血。

217 婆婆纳 *Veronica didyma* Tenore

婆婆纳属。铺散多分枝草本。茎不分枝，茎密生两列多细胞柔毛。叶2～4对，具短柄，卵形或圆形。总状花序顶生，密集成穗状；花冠4裂，蓝色；雄蕊短于花冠。蒴果肾形。花果期3～10月。黄河三角洲地区广布，生于路边、宅旁、旱地夏熟作物田，特别是麦田中，对作物造成严重危害。全草药用，有祛风除湿之功效。

218 通泉草 *Mazus japonicus* (Thunb.) O. Kuntz.

通泉草属。一年生草本，植株无毛。茎自基部分枝。叶卵形至匙形。总状花序；花萼裂片卵形，与萼筒等长，端急尖，脉不明显；花冠紫色，上唇裂片卵状三角形，下唇中裂片较小，稍突出，倒卵圆形。蒴果无毛。花果期4～10月。山区有分布，生于山坡湿地、路边、沟旁。全草入药，有清热、解毒之效。

3.4.57 木犀科Oleaceae

219 白蜡树 *Fraxinus chinensis* Roxb.

梣属。乔木。小叶5～9，常7，下面无毛或沿脉有长柔毛。圆锥花序着生于当年生枝上，花雌雄异株，雄花密集，花萼小，钟状，无花瓣；雌花疏离，花萼大，桶状，4浅裂，花柱细长，柱头2裂。翅果匙形。花期4～5月，果期7～9月。各地普遍栽培，尤其是作为黄河三角洲各城镇行道树。白蜡树耐盐碱；枝条可编筐；木材可作农具；树皮入药，有清热燥湿、清肝明目之效。

220 小叶女贞 *Ligustrum quihoui* **Carr.**

女贞属。落叶或半常绿灌木，小枝具短柔毛。叶薄革质，椭圆形至倒卵状长圆形；叶柄有短柔毛。圆锥花序；花白色，芳香，有短梗或无梗，花冠裂片与筒部等长；花药超出花冠裂片。核果宽椭圆形，紫黑色。花期5～7月，果期7月至翌年5月。黄河三角洲各地公园和植物园均有分布，主要栽培用于绿化；果实入药，有清热解毒的功效。

3.4.58 茜草科 Rubiaceae

221 鸡矢藤 *Paederia scandens* **(Lour.) Merr.**

鸡矢藤属。缠绕性藤本，有臭味。叶卵形或狭卵形，对生。聚伞花序腋生，花萼钟状，花冠外面灰白色，内面紫红色，有绒毛。果球形，淡黄色。花期5～6月。各山地有分布，生于山坡、路边灌丛中。药用，祛风湿、化痰止咳。

222 茜草 *Rubia cordifolia* L.

茜草属。攀缘草本，根橙红色。茎4棱，棱上有倒刺。叶4~6片轮生，长卵形至卵状披针形，基部心形。聚伞花序腋生和顶生，多回分枝，有花10余朵至数十朵，有微小皮刺，花冠淡黄色。浆果球形，黑色。花期8~9月，果期10~11月。山区有分布，生于山坡、林边或灌丛中。根可入药，通经活血、化瘀生新。

223 猪殃殃 *Galium aparine* L.

拉拉藤属。多枝、蔓生或攀缘状草本。茎4棱，棱上、叶缘及叶下面中脉上均有倒生小刺毛。叶4~8片轮生，叶片条状倒披针形。聚伞花序腋生或顶生，单生或2~3个簇生，有黄绿色小花数朵。果干燥，密被钩毛。花果期5月。各地常见分布，生于田野路边。全草药用，具有清热解毒、消肿止痛、利尿等功效。

3.4.59 忍冬科Caprifoliaceae

224 忍冬 *Lonicera japonica* Thunb.

忍冬属。半常绿藤本，幼枝密生柔毛和腺毛。叶卵形至距圆状卵形。花成对腋生，苞片叶状；花冠二唇形，先白色后变黄色。浆果球形，黑色。花期4~6月，果熟期10~11月。各地区都有栽培。花入药，具有清热解毒的功效。

225 金银忍冬 *Lonicera maackii* (Rupr.) Maxim.

忍冬属。落叶灌木。冬芽小，卵圆形，有5~6对或更多鳞片。叶纸质，叶卵状椭圆形至卵状披针形。花冠二唇形，花冠先白色后变黄色，总花梗短于叶柄。浆果，红色。花期5~6月，果熟期8~10月。山区有分布，生于山坡或灌木丛中，或各地公园有栽培，供观赏。

226 锦带花 *Weigela florida* (Bge.) A. DC.

锦带花属。落叶灌木。叶矩圆形、椭圆形至倒卵形。花单生或成聚伞花序生于侧生短枝的叶腋或枝顶；花萼基部合生，萼筒长圆柱形，花冠漏斗状钟形，紫红或玫瑰红色。蒴果；种子无翅。花期4~6月，果期9~10月。各山区有分布，生于山坡、沟谷灌丛。各地公园也常见栽培，供观赏。

227 海仙花 *Weigela coraeensis* Thunb.

锦带花属。落叶灌木，树皮灰色。叶矩圆形、椭圆形至倒卵状椭圆形。本种与锦带花的区别是：小枝无毛，花萼全裂、裂片线形状披针形；花初时白色或淡红色，后变深红色；柱头不裂。花期5~7月，果期9~10月。各地公园有栽培，供观赏。

3.4.60　菊科Asteraceae

228 碱菀　*Tripolium vulgare* Nees

　　碱菀属，本属为单种属。一年生草本。茎直立，全株光滑。叶互生，线状披针形，无柄。头状花序排成伞房状；总苞片2～3层，肉质，边缘常红色，干后膜质；舌状花蓝紫色或粉红色，管状花黄色。瘦果扁，有厚边肋，两面各有1脉，被疏毛。花果期8～10月。黄河三角洲沿海有分布，生于海岸、湖滨、沼泽、河边及盐碱地。

229 钻叶紫菀　*Aster subulatus* Michx.

　　紫菀属。一年生草本，主根圆柱状。茎直立，光滑无毛。茎生叶多数，叶片披针状线形，两面绿色，光滑无毛，中脉在背面突起。头状花序极多数，雌花花冠舌状，舌片淡红色或紫色，线形。瘦果线状长圆形，稍扁。6～10月开花结果。原产北美洲，黄河三角洲均有分布，生长于河岸、洼地、沟边、路旁或荒地。钻叶紫菀在2014年8月20日发布的中国外来入侵物种名单（第三批）中。全草药用，外用治湿疹、疮疡肿毒。

230 阿尔泰狗娃花 *Heteropappus altaicus* (Willd.) Novopokr.

狗娃花属。多年生草本，植株绿色。茎斜升或直立，高20～60cm，被上曲的短贴毛，从基部分枝，上部有少数分枝，头状花序单生于枝端。叶条状披针形或匙形。舌状花浅紫色，舌状花与管状花的冠毛同形；管状花5裂，裂片不等大。花果期5～9月。黄河三角洲各地广布，生于山坡、田边、路旁。入药具有清热解毒、排脓止咳的功效。

231 小蓬草 *Conyza canadensis* (L.) Cronq.

白酒草属。一年生草本。茎直立，生粗糙毛。叶密集，基部叶花期常枯萎，下部叶倒披针形，中部叶线状披针形，两面或仅上面被疏短毛，边缘常被上弯的硬缘毛。头状花序多数，小，直径4mm，舌状花白色微紫。瘦果线状披针形。花期5～9月。原产北美洲，现在各地广泛分布，常生长于旷野、荒地、田边和路旁，为一种常见的杂草。全草入药可治痢疾。

232 香丝草 *Erigeron bonariensis* L.

白酒草属。一年生或二年生草本，根纺锤状。叶密集，基部叶花期常枯萎，叶片狭披针形或线形，两面均密被贴糙毛。头状花序多数，总苞椭圆状卵形；雌花多层，白色，花冠细管状；两性花淡黄色，花冠管状。瘦果线状披针形，扁压，淡红褐色。5～10月开花。原产南美洲，现广泛分布，常生于荒地、田边、路旁，为一种常见的杂草。香丝草可入药，治感冒、疟疾、急性关节炎及外伤出血等症。

233 一年蓬 *Erigeron annuus* (L.) Pers.

飞蓬属。一年生或二年生草本。茎直立，粗壮，上部分枝，全株被开展的硬毛。基部叶花期枯萎，长圆形或宽卵形，下部叶与基部叶同形，中部和上部叶较小，长圆状披针形或披针形，具短柄或近无柄，近全缘或边缘有不规则的齿，最上部叶线形。头状花序数个或多数；总苞半球形，草质；缘花雌性，舌状，白色或带淡紫色；中央的两性花管状，黄色。瘦果小，压扁，冠毛白色。花果期6～9月。黄河三角洲各地均有分布，生于山谷、田野、山坡草地或林缘。全草入药，清热解毒，抗疟疾。

234 鳢肠 *Eclipta prostrata* (L.) L Mant.

鳢肠属。一年生草本。茎直立或匍匐，自基部或上部分枝，绿色或红褐色，被贴伏糙毛，折断处常变黑色。叶披针形，无柄，对生。舌状花2层，白色。瘦果扁四棱形。7～10月开花、结果。各地常见，生于水湿处。全草入药，有凉血、止血、强壮之效。

235 刺儿菜 *Cirsium segetum* Bge.

蓟属。多年生草本。茎直立，上部分枝，花序分枝无毛或有薄绒毛。基生叶和中部茎叶椭圆形、长椭圆形或椭圆状倒披针形，通常无叶柄，叶缘有细密的针刺，针刺紧贴叶缘；全部茎叶两面同色，绿色或下面色淡，两面无毛。头状花序单生茎端，或部分头状花序在茎枝顶端排成伞房花序；总苞卵形、长卵形或卵圆形，总苞片6层，覆瓦状排列；全

为管状花，淡紫色或紫红色。瘦果淡黄色，椭圆形或偏斜椭圆形，压扁，冠毛羽状。花果期5～9月。各地广布，生于路旁、田野。全草入药，有凉血、活血、止血之效。

236 苍耳 *Xanthium sibiricum* Patrin.

苍耳属。一年生草本。叶三角状卵形或心形，基出3脉。雄性的头状花序球形，雄头状花序椭圆形，有多数的雄花，花冠钟形；雌性的头状花序椭圆形，外层总苞片小，披针形，被短柔毛，内层总苞片结合成囊状，宽卵形或椭圆形，绿色，在瘦果成熟时变坚硬，形成1～1.5mm的钩刺。瘦果2，倒卵形。花期7～8月，果期9～10月。各地常见，生于田边、路旁。果实供药用，有散风祛湿的功效；种子榨油，可制硬化油及润滑油。

237 菊芋 *Helianthus tuberosus* L.

向日葵属。多年生草本，有块状的地下茎。茎直立，有分枝，被白色短糙毛或刚毛。叶对生，叶片卵圆形，离基三出脉，边缘有粗锯齿。头状花序单生于枝端，舌状花12～20个，舌片黄色，开展，长椭圆形；管状花花冠黄色。瘦果小，上端有2～4个有毛的锥状扁芒。花期8～9月。原产北美洲，现在我国各地广泛栽培。块茎俗称"洋姜"，可供食用，含有丰富的淀粉，是优良的多汁饲料。

238 牛蒡 *Arctium lappa* L.

牛蒡属。二年生草本,具粗大的肉质直根。茎粗壮高大。叶宽卵形或心形,背面被灰白色绵毛。头状花序多在茎枝顶端排成疏松的圆锥状伞房花序,总苞多层,先端成钩状刺;花管状,紫红色。瘦果倒长卵形。花果期6~9月。各地有分布,生于山坡、路旁或栽培。果实入药,有散结解毒功效;根入药,有清热解毒、疏风利咽功效。

239 鼠曲草 *Gnaphalium affine* D. Don

鼠曲草属。一年生草本。茎直立或基部发出的枝下部斜升,全株密被白色厚绵毛。叶无柄,匙状倒披针形或倒卵状匙形,两面被白色绵毛。头状花序较多,近无柄,在枝顶密集成伞房花序,花黄色至淡黄色;总苞钟形,总苞片2~3层,金黄色或柠檬黄色;花托中央稍凹入,无毛;雌花多数,两性花较少。瘦果倒卵形或倒卵状圆柱形,有乳头状突起。花期5~7月,果期8~10月。黄河三角洲地区有分布,生于山坡、路旁、田边及湿润草地。茎叶入药,有镇咳、祛痰、降压、祛湿的功效。

240 旋覆花 *Inula japonica* Thunb.

旋覆花属。多年生草本。茎单生，直立。叶互生，基部渐狭或急狭，或有半抱茎小耳，下面被疏伏毛。头状花序，直径3～4cm，排列成疏散的伞房花序；外层总苞片有伏毛或近无毛，舌状花和管状花都为黄色。瘦果长1～1.2mm，圆柱形。花期6～10月，果期9～11月。各地有分布，生于山坡、路旁、岩边。干燥头状花序药用，具有降气、消痰、行水、止呕的功效。

241 泥胡菜 *Hemistepta lyrata* (Bge.) Bge.

泥胡菜属。一年生草本。茎单生，被稀疏蛛丝毛。基部叶莲座状，长椭圆形，全部叶大头羽状深裂或几全裂，背面被蛛丝状毛。茎部叶两面异色，上面绿色，下面灰白色，头状花序在茎枝顶端排成疏松伞房花序；总苞片多层，覆瓦状排列；花管状，紫红色。瘦果小，深褐色。花果期3～8月。各地有分布，生于山坡、路旁。全草可入药，具有消肿散结、清热解毒的功效，可用于治疗乳腺炎、颈淋巴结炎、痈肿疔疮、风疹瘙痒。

242 中华苦荬菜 *Ixeris chinensis* (Thunb.) Nakai

苦荬菜属。多年生草本，有乳汁。根茎极短缩。基生叶长椭圆形、倒披针形、线形或舌形，变化多样；茎生叶2～4枚，长披针形，全部叶两面无毛。头状花序于茎顶端排成伞房花序，含舌状小花21～25枚；总苞圆柱状，总苞片3～4层，外层及最外层宽卵形；舌状小花黄色。瘦果褐色，长椭圆形。花果期1～10月。各地常见分布，生于山坡路旁、田野、河边灌丛或岩石缝隙中。全草药用，具有清热解毒、凉血、消痈排脓、祛瘀止痛的功效。

243 蒙古鸦葱 *Scorzonera mongolica* Maxim.

鸦葱属。多年生草本，根垂直直伸，圆柱状。茎多数，直立或铺散。叶线形，肉质，灰绿色。头状花序单生于茎端，或茎生2枚头状花序，呈聚伞花序状排列，含19枚舌状小花；总苞狭圆柱状。瘦果上部有疏柔毛，冠毛白色。花果期4～8月。黄河三角洲盐碱地广生，生于盐化沙地、盐碱地及河滩地。幼嫩茎叶是优质饲料。

244 **多裂翅果菊** *Pterocypsela laciniata* (Houtt.) Shih

翅果菊属。多年生草本，有乳汁。茎单生，直立，粗壮。中下部茎叶倒披针形、椭圆形或长椭圆形，规则或不规则二回羽状深裂，无柄；上部的茎叶渐小，与中下部茎叶同形并等样分裂或不裂而为线形。头状花序多数，在茎枝顶端排成圆锥花序；总苞果期卵球形，总苞片4～5层；舌状小花21枚，黄色。瘦果椭圆形，压扁，冠毛2层，白色。花果期7～10月。各地常见，生于山谷、山坡林缘、灌丛、草地及荒地。全草药用，有清热解毒、散瘀活血、理气的功效。

245 **牛膝菊** *Galinsoga parviflora* Cav.

牛膝菊属。一年生草本，被短柔毛。叶对生，卵形，基出3脉。舌状花4～5个，白色冠毛毛状；管状花黄色，冠毛膜片状。瘦果倒卵状三角形。花果期7～10月。原产南美洲，在我国归化。黄河三角洲周边地区有分布，生于路旁、田间。全草药用，有止血、消炎之功效。

246 黄鹌菜 *Youngia japonica* (L.) DC.

黄鹌菜属。一年生草
本。基生叶全形倒披针形，
大头羽状深裂或全裂，全
部叶及叶柄被皱波状长柔
毛或短柔毛。头状花序含
10～20枚舌状小花，总苞
圆柱状，舌状小花黄色，
花冠管外面有短柔毛。瘦
果纺锤形，压扁，褐色或
红褐色。花果期4～10月。
黄河三角洲各地常见，生
于林下、林间草地及潮湿
地、河边沼泽地、田间与
荒地。习见杂草。

247 尖裂假还阳参 *Crepidiastrum sonchifolium* (Maximowicz) Pak et Kawano

假还阳参属。一年生
草本。茎直立，单生。上部
伞房花序状分枝，全部茎
枝无毛。基生叶花期枯萎
脱落，中下部茎叶长椭圆状
卵形，羽状深裂，基部扩
大圆耳状抱茎。头状花序
多数，在茎枝顶端排成伞房
状花序，含舌状小花15～
19枚。瘦果长椭圆形，黑
色。花果期5～9月。各地
有分布，生于山坡、路旁。
全株可为猪饲料；全草可入
药，能清热、解毒、消肿。

248 黄瓜假还阳参 *Crepidiastrum denticulatum* (Houttuyn) Pak et Kawano

假还阳参属。一年生或二年生草本。茎单生，直立，上部或中部伞房花序状分枝，全部茎枝无毛，成熟前全株含乳白色汁液。基生叶莲座状，花期枯萎；茎生叶集中于枝端或互生，半抱茎，叶片全缘或齿裂呈羽裂。花舌状，淡黄色，头状花序排列成圆锥状。瘦果长椭圆形，压扁，黑色或黑褐色。花果期5～11月。邹平南部山区常见，生于山坡林缘、林下、田边、岩石上或岩石缝隙中。全草药用，有通结气、利肠胃之功效。

249 乳苣 *Mulgedium tataricum* (L.) DC.

乳苣属。多年生草本。茎直立，有条棱或条纹，全部茎枝光滑无毛。中下部茎叶长椭圆形、线状长椭圆形或线形，羽状浅裂或边缘有大锯齿，侧裂片2～5对；向上的叶与中部茎叶同形或宽线形，渐小；全部叶质地稍厚，两面光滑无毛。头状花序含小花20余枚，在茎枝顶端呈狭或宽圆锥花序；总苞片4层，呈不明显的覆瓦状排列，全部苞片外面光滑无毛，带紫红色。舌状小花紫色或紫蓝色。瘦果长圆状披针形，稍压扁，灰黑色，两面各有5～7条纵肋，中肋稍粗厚，顶端渐尖成长1mm的喙，冠毛白色，纤细。花果期6～9月。黄河三角洲轻度盐碱地区广泛分布，生于路旁。常见杂草。

250 苣荬菜 *Sonchus brachyotus* DC.

苦苣菜属。多年生草本，茎直立。基生叶多数，与中下部茎叶全形倒披针形，羽状或倒向羽状深裂、半裂或浅裂，叶裂片边缘有小锯齿。头状花序在茎枝顶端排成伞房状花序；总苞钟状，3 层；舌状小花多数，黄色。瘦果稍压扁，长椭圆形。花果期 6～9 月。黄河三角洲盐碱地常见，生于山坡草地、林间草地、潮湿地或近水旁、村边或河边砾石滩。早春嫩叶（曲曲菜）可食；全草入药，有清热解毒、利湿排脓、凉血止血之功效。

251 花叶滇苦菜 *Sonchus asper* (L.) Hill.

苦苣菜属。一年生草本。茎单生或少数茎成簇生，直立，有纵纹或纵棱，茎枝光滑无毛或上部及花梗被头状具柄腺毛。叶长椭圆形、倒卵形或匙状椭圆形，厚纸质，不裂或缺刻状半裂或羽状全裂，具不等的刺状齿，中上部叶基部具圆耳状抱茎。头状花序少数（5 个）或较多（10 个）在茎枝顶端排成稠密的伞房花序；总苞宽钟状，总苞片 3～4 层，覆瓦状排列；舌状小花黄色。瘦果倒披针状，褐色，压扁，两面各有 3 条纵肋，肋间无横皱纹，冠毛白色，基部连合成环。花果期 5～10 月。各地有分布，生于路旁、田边。全草可食，具有清热解毒的功效。

252 苦苣菜 *Sonchus oleraceus* L.

苦苣菜属。一年生或二年生草本。茎直立，单生，有纵条棱或者条纹，光滑无毛。叶草纸，羽状深裂，多为大头状羽状全裂或半裂，中上部叶基部扩大成尖耳抱茎，全部叶或裂片边缘及抱茎小耳边缘有大小不等的锯齿。头状花序少数在茎枝顶端排成紧密的伞房花序或总状花序或单生于茎枝顶端；总苞宽钟状，总苞片3～4层，覆瓦状排列；舌状小花多数，黄色。瘦果褐色，长椭圆形或长椭圆状倒披针形，压扁，每面各有3条细脉，肋间有横皱纹，顶端狭，无喙，冠毛白色。花果期5～11月。黄河三角洲地区常见，生于山坡路旁。全草入药，有祛湿、清热解毒的功效。

253 蒲公英 *Taraxacum mongolicum* Hand. -Mazz.

蒲公英属。多年生草本。根圆柱状，黑褐色，粗壮。叶莲座状，矩圆状倒披针形，倒向羽状深裂或浅裂。花葶1至数个，头状花序直径30～40mm，外层总苞片顶端有或无小角，内层具小角，舌状花黄色。瘦果上半部有具尖小瘤，冠毛白色，长约6mm。花期4～9月，果期5～10月。各地广布，生于路旁、荒地。全草入药，可清热解毒。

254 艾 *Artemisia argyi* Lévl. et Vant.

蒿属。多年生草本或略成半灌木
状，植株有浓烈香气。茎单生或少数，
有明显的纵棱，基部轻微木质化；茎、
枝整体被灰色蛛丝状柔毛。叶厚纸质，
上面被灰白色短柔毛，并有白色腺点与
小凹点；基生叶具长柄，花期凋落；中
下部叶常卵形或卵状三角形，1～2回羽
状深裂或全裂，侧裂片约2对，中裂片
常又3裂，上面被白色短毛及腺毛，细
密被蛛丝状毛。头状花序多数，排成复
穗状，花后下倾；总苞卵形，密被绵
毛；花带红色。瘦果长卵形或长圆形。
花果期7～10月。各地广布，生于山
坡、路旁、荒地。全草入药，有温经、
去湿、散寒、止血、消炎、平喘、止
咳、安胎、抗过敏等作用。

255 野艾蒿 *Artemisia lavandulifolia* DC.

蒿属。多年生草本，有时为半灌木
状。茎成小丛，分枝多；茎、枝被灰白
色蛛丝状柔毛。叶上面具密集白色腺点
及小凹点，初疏被灰白色蛛丝状柔毛，
下面除中脉外密被灰白色密绵毛；基生
叶与茎下部叶宽卵形或近圆形，二回羽
状全裂或一回全裂，二回深裂；中部叶
卵形，1～2回羽状深裂；上部叶羽状
全裂；苞片叶3全裂或不裂。头状花序

极多数，椭圆形或长圆形；花冠狭管状，檐部具2裂齿，紫红色。瘦果长卵圆形或倒
卵圆形。花果期8～10月。黄河三角洲各地均有分布，生于山坡、荒地、路旁。全草
入药，作"艾"（家艾）的代用品，有清热、解毒、止血、消炎等作用。

256 茵陈蒿 *Artemisia capillaris* Thunb.

蒿属。半灌木状草本，植株有浓烈的香气。幼时全株被细毛，老时近无毛。叶1～3回羽状全裂，末回裂片毛发状。头状花序径1.5～2mm；总苞无毛。花果期7～10月。各地有分布，生于山坡及路旁。早春二三月采摘的基生叶、嫩苗与幼叶入药，中药称"因陈""茵陈"或"绵茵陈"，为治肝、胆疾患的主要组分。

257 白莲蒿 *Artemisia sacrorum* Ledeb.

蒿属。多年生半灌木状草本。茎多数，常组成小丛。叶2～3回羽状深裂，羽轴两侧有栉齿。头状花序通常下垂，密集成圆锥状；总苞片初有绢状毛，后变无毛。瘦果狭椭圆状卵形或狭圆锥形。花果期8～10月。各山区有分布，生于山坡、路旁。全草药用，有清热、解毒、祛风、利湿功效。

258 海州蒿 *Artemisia fauriei* Nakai

蒿属。多年生草本。茎、枝初时被灰白色蛛丝状绒毛，后脱落。叶稍肉质，初时被蛛丝状绒毛，后无毛，基生叶密集着生，卵形或宽卵形，3（~4）回羽状全裂。头状花序卵球形或卵球状倒圆锥形。瘦果倒卵形，稍压扁。花果期8~10月。分布于无棣、沾化沿海地区的滩涂或沟边。全草药用，有清利湿热、利胆退黄功效。

259 黄花蒿 *Artemisia annua* L.

蒿属。一年生或二年生草本，植株有浓烈的挥发性香气。茎单生，纸质，绿色。叶2~3回羽裂，中轴两侧有狭翅。头状花序径2mm。瘦果小，椭圆状卵形，略扁。花果期8~11月。各地有分布，生于山坡、路旁、荒地。全草入药，可清热解暑；所含青蒿素是治疗疟疾的主要成分。

260 莳萝蒿 *Artemisia anethoides* Mattf.

蒿属。一年生或二年生草本，植株有浓烈的香气。茎单生，淡红色或红色，分枝多，具小枝；茎、枝均被灰白色短柔毛。叶两面密被白色绒毛；基生叶与茎下部叶长卵形或卵形，3（～4）回羽状全裂，小裂片狭线形或狭线状披针形。头状花序近球形，多数。瘦果倒卵形，上端平整或略偏斜，微有不对称的冠状附属物。花果期6～10月。黄河三角洲保护区有分布，多生长在干山坡、河湖边沙地、荒地、路旁等，盐碱地附近尤多，在低湿、盐渍化的局部地区可成为区域性植物群落的优势种或次优势种，常侵入旱田，成为田间有害的杂草之一。

261 猪毛蒿 *Artemisia scoparia* Waldst. et Kit.

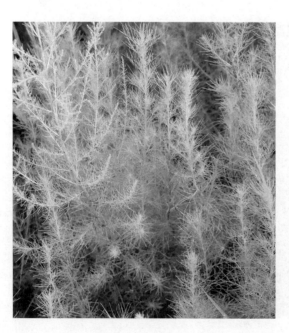

蒿属。多年生或近一年生、二年生草本。茎基部叶2～3回羽状全裂；中部叶长圆形或长卵形，1～2回羽状全裂，小裂片细，为狭线形、细线形或毛发状。头状花序小，直径1～1.5（～2）mm，在分枝上排成复总状或复穗状花序，并在茎上组成大型开展的圆锥花序。瘦果倒卵形或长圆形，褐色。花果期7～10月。黄河三角洲地区均有分布，生于山坡、林缘、路旁、草原、荒漠边缘地区，局部地区构成植物群落的优势种。基生叶、幼苗及幼叶等入药，民间称"土茵陈"，化学成分、功用等与"茵陈蒿"同。

Ⅱ. 单子叶植物纲

3.4.61　泽泻科 Alismataceae

262 　**泽泻**　*Alisma plantago-aquatica* L. var. *orientale* Sam.

泽泻属。多年生水生或沼生草本，有球茎。叶基生，沉水叶条形，挺水叶长椭圆形，全缘，5～9条弧形脉。花序分枝轮生，组成圆锥状复伞形花序；花两性，内轮花被白色。瘦果椭圆形，或近矩圆形。花果期5～10月。黄河三角洲地区偶见分布，生于湖泊、池塘。球茎药用，可利尿、消肿。

263 　**慈姑**　*Sagittaria sagittifolia* L.

慈姑属。多年生水生或沼生草本，有球茎。叶基生，有长柄，叶片箭形。总状花序；花单性，3朵轮生于节上；内轮花被白色。瘦果边缘有薄翅。花果期5～10月。黄河三角洲地区偶有分布，生于湖泊、池沼。球茎药用，具有凉血止血、止咳通淋、散结解毒、和胃厚肠等功效。

3.4.62　天南星科 Araceae

264 　**半夏**　*Pinellia ternata* (Thunb.) Breit.

半夏属。多年生草本，块茎近球形。叶2～5枚，叶3全裂，叶柄长10～20cm。花序柄长25～30（～35）cm，长于叶柄；佛焰苞绿色，管部狭圆柱形；雌雄异花同株，肉穗花序，雌花序长2cm，雄花序长5～7mm，中间间隔3mm。浆果卵圆形，黄绿色。花期5～7月，果期8～9月。各地常见分布，生于草坡、荒地、玉米地、田边或疏林下，为旱地中的杂草之一。块茎入药，有祛痰、镇咳及消肿等功效。

265 虎掌 *Pinellia pedatisecta* Schott

半夏属。多年生草本,块茎近圆球形。叶片鸟足状分裂,裂片披针形,渐尖,网脉不明显。花序柄长直立;佛焰苞淡绿色,管部长圆形,肉穗花序,附属器黄绿色,细线形。浆果卵圆形。花期6~7月,果期9~11月。中国特有,分布于邹平南部山区海拔1000m以下,生于林下、山谷或河谷阴湿处。块茎药用,具有祛风止痉、化痰散结的功效。

3.4.63 浮萍科 Lemnaceae

266 浮萍 *Lemna minor* L.

浮萍属。浮水小草本。叶状体对称,表面绿色,背面浅黄色或紫色,倒卵形、倒卵状椭圆形或近圆形,全缘,有不明显的3脉,下面有垂生丝状根1条。叶状体

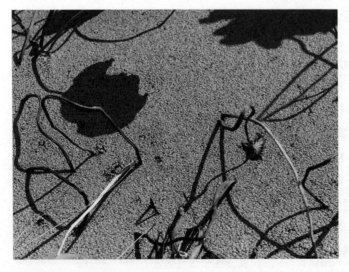

背面具囊,新叶状体于囊内形成浮出,以极短的细柄与母体相连,随后脱落。花单性,佛焰苞三唇形。果实圆形近陀螺状,无翅;种子具突出的胚乳。花期4~6月,果期5~7月。博兴马踏湖、高青大芦湖都有分布,生于池沼、水田中。全草可作饲料;药用有清热、利水、消肿的功效。

3.4.64 鸭跖草科 Commelinaceae

267 鸭跖草 *Commelina communis* L.

鸭跖草属。一年生披散草本，茎基部匍匐生根。单叶互生，无柄或近无柄，叶片披针形，有叶鞘。佛焰苞边缘不相连；花两侧对称；花冠蓝色。蒴果椭圆形，2室；种子4颗。花期8～9月，果期9～10月。黄河三角洲地区常见，生于山沟、水边湿地。全草药用，有清热解毒、利尿的功效；也可作饲料。

3.4.65 灯心草科 Juncaceae

268 灯心草 *Juncus effusus* L.

灯心草属。多年生草本，根茎粗壮横走，具黄褐色稍粗的须根。茎丛生，秆圆柱状，髓白色。无叶片。花序假侧生，聚伞形；苞片似茎的延伸。蒴果长圆形。花期4～7月，果期6～9月。黄河三角洲各水域湿地有分布，生于河边、水沟旁。全草药用，有利尿、镇静的功效；茎内白色髓心可供点灯和烛心用，茎皮纤维可作编织和造纸原料。

3.4.66 莎草科 Cyperaceae

269 扁秆藨草 *Scirpus planiculmis* Fr. Schmidt

扁秆藨草属。多年生水生草本，具匍匐根茎和块茎。秆高60~100cm，三棱形，平滑，具秆生叶。叶扁平，有长叶鞘。苞片叶状；长侧枝聚伞花序头状，具1~6小穗；小穗卵形或长圆状卵形，锈褐色。小坚果宽倒卵形。花期5~6月，果期7~9月。黄河三角洲各地水域常见，生于湖、河边近水处或沼泽地。块茎药用，有祛瘀通经、行气消积的功效。

270 香附子 *Cyperus rotundus* L.

莎草属。多年生草本，有根茎和黑褐色块茎。秆直立，有3锐棱。叶基生，短于秆，叶鞘纤维状，棕褐色。叶状苞片2~3，长于花序；小穗轴有宽而透明的翅。小坚果长圆状倒卵形、三棱形，长为鳞片的1/3~2/5，具细点。花果期5~11月。黄河三角洲各地水域均有分布，生于河边、田间湿地。块茎药用，可理气止痛、调经解郁。

271 旋鳞莎草 *Cyperus michelianus* (L.) Link

莎草属。一年生草本，具许多须根。秆密丛生，扁三棱形，平滑。聚伞花序极短缩成卵状头形，有多数密聚的小穗，小穗卵状披针形；叶状苞片3～6个，比花序长很多；鳞片螺旋状排列，膜质，长圆状披针形，背面有龙骨状突起，中间绿色，两侧淡黄色，上部有黄褐色条纹。小坚果狭长圆形。花果期6～9月。黄河三角洲滨海湿地及无棣县贝壳堤岛有分布，多生长于水边潮湿空旷的地方，路旁也常见。全草入药，行气、养血、调经。

272 异型莎草 *Cyperus difformis* L.

莎草属。一年生草本。秆丛生，扁三棱形。叶线形，短于秆。苞片2～3，叶状，长于花序；长侧枝聚伞花序简单，头状花序球形，具极多数小穗。小坚果倒卵状椭圆形、三棱形，淡黄色。花果期7～10月。各地均有分布，生长于水边潮湿处。全草药用，有行气活血、利尿通淋的功效。

273 碎米莎草 *Cyperus iria* L.

莎草属。一年生草本，无根茎，具须根。秆丛生，细弱或稍粗壮，高8~85cm，扁三棱形，基部具少数叶。叶短于秆，宽2~5mm，平张或折合，叶鞘红棕色或棕紫色。小坚果倒卵形或椭圆形、三棱形，与鳞片等长，褐色，具密的微突起细点。花果期6~10月。碎米莎草是黄河三角洲地区常见杂草，生长于田间、山坡、路旁阴湿处。全草入药，具祛风除湿、活血调经之功效。

274 头状穗莎草 *Cyperus glomeratus* L.

莎草属。一年生草本，具须根。秆散生，钝三棱形，平滑，基部稍膨大。叶短于秆，叶状苞片3~4枚。复出长侧枝聚伞花序具3~8个辐射枝，小穗多列，排列极密，线状披针形或线形，稍扁平，鳞片排列疏松，近长圆形，顶端钝；花柱长，柱头3。小坚果长圆形、三棱形，长为鳞片的1/2，具明显的网纹。花果期6~10月。分布广泛，多生长于水边沙土上或路旁阴湿的草丛中，常为农田杂草。

275 萤蔺 *Scirpus juncoides* Roxb.

蔗草属。多年生草本，秆丛生，根茎短。秆圆柱状，平滑，基部具2～3个鞘，无叶片。苞片1枚，为秆的延长，直立，小穗3～5个聚成头状，假侧生，卵形或长圆状卵形，棕色或淡棕色，下位刚毛5～6，有倒刺；雄蕊3，花药长圆形，药隔突出；花柱中等长，柱头2。小坚果宽倒卵形，成熟时黑褐色，具光泽。花果期8～11月。黄河三角洲自然保护区有分布，生于路旁、荒地潮湿处，常组成大片优势的群丛。全草入药，具清热解毒、凉血利尿、止咳明目的功效。

276 红鳞扁莎 *Pycreus sanguinolentus* (Vahl) Nees

扁莎属。一年生草本。秆丛生，扁三棱形。叶稍多，边缘具白色透明的细刺。苞片3～4枚，叶状，简单长侧枝聚伞花序具3～5个辐射枝；小穗辐射展开，长圆形，鳞片边缘红褐色。小坚果圆倒卵形，双凸状，稍肿胀，长为鳞片的1/2～3/5，成熟时黑色。花果期7～12月。分布广泛，常为农田杂草。

277 白颖薹草 *Carex rigescens* (Franch.) V. Krecz.

薹草属。多年生草本，根茎细长、匍匐。秆高5～20cm，平滑。基部叶鞘灰褐色，细裂成纤维状；叶短于秆，宽1～1.5mm，叶片平张。苞片鳞片状，穗状花序卵形或球形。花柱基部膨大，柱头2个。果囊稍长于鳞片，宽椭圆形或宽卵形，顶端急缩成短喙，喙缘稍粗糙，喙口白色膜质。小坚果稍疏松地包于果囊中，宽椭圆形。花果期4～6月。白颖薹草喜冷凉气候，耐寒、耐干旱、耐贫瘠能力都较强，在黄河三角洲滨海湿地及无棣县贝壳堤岛均有分布，在干旱平地、小丘陵、山坡上都能生长，多用作观赏和装饰性草坪建植。

3.4.67 禾本科 Gramineae

278 雀麦 *Bromus japonicus* Thunb.

雀麦属。一年生草本，秆直立，高可达90cm。叶鞘闭合，叶舌先端近圆形，叶片两面生柔毛。圆锥花序疏展，向下弯垂；分枝细，小穗黄绿色，密生小花，颖近等长，脊粗糙，边缘膜质；外稃椭圆形，草质，边缘膜质，微粗糙，顶端钝三角形，芒自先端下部伸出，基部稍扁平，成熟后外弯；内稃两脊疏生细纤毛；小穗轴短棒状。5～7月开花结果。黄河三角洲地区常见，生于山坡林缘、荒野路旁、河漫滩湿地。麦田杂草；全草药用，有止汗、催产功效。

279 画眉草 *Eragrostis pilosa* (L.) Beauv.

画眉草属。一年生草本，高20～60cm，通常具4节，光滑。叶鞘稍压扁，鞘口常具长柔毛；叶舌退化为1圈纤毛；叶片线形，背面光滑，表面粗糙。圆锥花序较开展，小穗成熟后，暗绿色或带紫黑色。颖果长圆形。花果期8～11月。黄河三角洲地区零星分布，多生于荒芜田野草地上。全草药用，具有利尿通淋、清热活血的功效。

280 獐毛 *Aeluropus littoralis* (Gouan) Parl. var. *sinensis* Debeaux

獐毛属。多年生草本，通常有长匍匐枝。秆高15～35cm，径1.5～2mm，具多节，节上多少有柔毛。叶鞘通常长于节间，鞘口常有柔毛，叶片硬，常卷成针状。圆锥花序穗状，小穗近无柄。颖果卵形至长圆形。花果期5～8月。黄河三角洲滨海湿地及无棣县贝壳堤岛均有分布，其耐盐力强，适生于海岸边盐碱地，在地势较高的滩涂台地上，多呈小片状分布，形成单优势种，既为盐渍土指示植物，也是优良的固沙植物；全草入药，能清热利尿、退黄。

281 芦苇 *Phragmites communis* Trin.

芦苇属。多年生高大草本，具粗壮匍匐根茎。秆直立，具20多节，基部和上部的节间较短，最长节间位于下部第4~6节。叶舌边缘密生一圈长约1mm的短纤毛。顶生大型圆锥花序，分枝腋间有白色柔毛；基盘有长柔毛。颖果长圆形。花果期7~11月。广布整个黄河三角洲地区，生于池塘、湖泊、海滩等水湿地。根茎药用，具有清热解表的功效；秆可编织；芦苇也是黄河三角洲地区固堤造陆先锋环保植物。

282 臭草 *Melica scabrosa* Trin.

臭草属。多年生草本，须根细弱，较稠密。秆丛生，直立或基部膝曲，高20~90cm，径1~3mm，基部密生分蘖。叶鞘闭合近鞘口，叶舌透明膜质，顶端撕裂而两侧下延；叶片质较薄，扁平，干时常卷折，两面粗糙或上面疏被柔毛。圆锥花序狭窄，长8~22cm；小穗淡绿色或乳白色，长5~8mm，含孕性小花2~4（~6）枚，顶端由数个不育外稃集成小球形。颖果褐色，纺锤形，有光泽。花果期5~8月。邹平南部山区有分布，生于山坡草地、荒芜田野、渠边路旁。全草入药，有祛风、退热、利尿、活血、解毒、消肿的功效；臭草也是很好的饲草。

283 芦竹 *Arundo donax* L.

芦竹属。多年生大型草本，具发达根茎。秆粗大直立，高3～6m，坚韧，具多数节，常生分枝。叶鞘长于节间，无毛或颈部具长柔毛；叶舌截平，先端具短纤毛；叶片扁平，上面与边缘微粗糙，基部白色，抱茎。圆锥花序极大型，分枝稠密，斜升；背面中部以下密生长柔毛，两侧上部具短柔毛。颖果细小黑色。花果期9～12月。黄河三角洲自然保护区及公园有分布，生于河岸道旁、砂质壤土上。茎纤维长，长宽比值大，纤维素含量高，是制优质纸浆和人造丝的原料；芦竹也是良好青饲料。

284 鹅观草 *Roegneria kamoji* Ohwi

鹅观草属。一年生草本，秆直立。叶片扁平，叶鞘边缘有纤毛。穗状花序长7～20cm，弯曲或下垂；小穗绿色或带紫色，颖和外稃有宽膜质边缘；内稃近等于外稃，脊上有翼。颖果腹面微凹陷或近扁平。花果期5～7月。黄河三角洲地区均有分布，生于山坡、林下、草地等。全草入药，有清热凉血、镇痛之功效；亦可作牧草。

285 牛筋草 *Eleusine indica* (L.) Gaertn.

穆属。一年生草本,根系极发达。秆斜升,向四周开展,高10~90cm。叶鞘压扁,鞘口有柔毛。穗状花序2~7枚呈指状生于秆顶;外稃脊上有翅。囊果卵形,具明显的波状皱纹。花果期6~10月。黄河三角洲地区均有分布,生于荒地、路边。牛筋草可作牧草;全株可作饲料,又为优良保土植物;全草煎水服,可防治乙型脑炎。

286 虎尾草 *Chloris virgata* Swartz

虎尾草属。一年生草本。秆基部膝曲。叶互生或近对生,长圆状披针形、倒披针形或线形,近无柄。穗状花序4~10枚指状生于茎顶;小穗成2行排列于穗轴一侧;外稃边脉有长柔毛,有5~15mm长的芒。颖果纺锤形,淡黄色,光滑无毛而半透明。花果期6~10月。黄河三角洲地区均有分布,为常见的野生杂草,生于路旁、荒野或墙头。全草可作牧草。

287 狗牙根 *Cynodon dactylon* (L.) Pers.

狗牙根属。多年生低矮草本，具根茎。匍匐茎节上生根和分枝，节上常生不定根。叶鞘微具脊，无毛或有疏柔毛，鞘口常具柔毛；叶舌仅为一轮纤毛；叶片线形，通常两面无毛。叶互生，秆上部叶似对生。穗状花序3～6枚顶生，指状排列；小穗含1花，成2行排列于穗轴一侧；外稃无芒，边脉无毛。颖果长圆柱形。花果期5～10月。黄河三角洲地区均有分布，生于路边或荒地。狗牙根可作草坪；全草可入药，有清血、解热、生肌之效。

288 西来稗 *Echinochloa crusgali* var. *zelayensis* (H.B.K.) Hitchc.

稗属。秆基斜升或膝曲，高50～70cm。无叶舌。圆锥花序直立，分枝上不再分枝，具硬刺疣毛；小穗卵状椭圆形，长3～4mm，顶端无芒或具小短尖；颖及第一外稃脉上疏生硬刺毛。花果期6～9月。黄河三角洲地区均有分布，生于水边、沼泽及湿地。西来稗可作牧草。

289 千金子 *Leptochloa chinensis* (L.) Nees

千金子属。一年生草本。秆直立，基部膝曲或倾斜，高可达90cm，平滑无毛。叶鞘无毛，大多短于节间；叶舌膜质，叶片扁平或多少卷折，先端渐尖。圆锥花序，分枝及主轴均微粗糙；小穗多带紫色，第一颖较短而狭窄，外稃顶端钝，无毛或下部被微毛。颖果长圆球形。8～11月开花结果。黄河三角洲各水域常见。千金子可作牧草；也可药用，有泻下逐水、破血通经的功效，是中药妇科千金片的主要原料。

290 狗尾草 *Setaria viridis* (L.) Beauv.

狗尾草属。一年生草本，秆直立或基部膝曲。叶鞘松弛，无毛或疏具柔毛或疣毛，边缘具较长的密绵毛状纤毛。圆锥花序柱状；小穗先端钝，2至数枚簇生，基部具刚毛状小枝1～3枚；第二颖与颖果等长。颖果灰白色。花果期5～10月。黄河三角洲地区均有分布，生于山坡、路旁及田埂，为旱地作物常见杂草。

291 大穗结缕草 *Zoysia macrostachya* Franch. et Sav.

结缕草属。多年生草本，具横走根茎及匍匐茎。秆高5～10cm。叶鞘无毛，下部者松弛而互相跨覆，上部者紧密裹茎；叶舌不明显，鞘口具长柔毛；叶片线状披针形，质地较硬，常内卷。总状花序紧缩呈穗状，基部常包藏于叶鞘内；小穗黄褐色或略带紫褐色，长6～8mm。颖果卵状椭圆形，长约2mm。花果期6～9月。分布于黄河三角洲地区沿海贝砂滩及砂地。大穗结缕草可用作盐碱地草坪或护坡草皮。

292 中华结缕草 *Zoysia sinica* Hance

结缕草属。多年生草本，具根茎。叶片条状披针形，宽3～5mm，边缘常内卷。总状花序，长2～4cm；小穗披针形，两侧压扁，紫褐色，长4～6mm，宽1～1.5mm。颖果棕褐色，长椭圆形。花果期5～10月。分布于邹平南部山区丘陵地带，已建成黄河三角洲中华结缕草原生态基地保护区。本种叶片质硬，耐践踏，宜铺建球场草坪。

293 荻 *Miscanthus sacchariflorus* (Maxim.) Hack.

芒属。多年生，具发达被鳞片的长匍匐根茎。秆直立，高1～1.5m。叶鞘无毛，叶舌短，长0.5～1mm；叶片扁平，宽线形，除上面基部密生柔毛外两面无毛，中脉白色，粗壮。圆锥花序扇形；小穗无芒，基盘有长于小穗2倍的白色丝状毛；颖具长丝状毛。颖果长圆形。花果期8～10月。黄河三角洲地区有分布，生于草丛及河滩。根茎有清热、活血功效；荻也可用作优良防沙护坡植物。

294 白茅 *Imperata cylindrica* (L.) Beauv.

白茅属。多年生草本，根茎发达。秆直立，节无毛，秆节有柔毛。叶鞘聚集于秆基，叶舌膜质，秆生叶片窄线形，通常内卷，顶端渐尖呈刺状，下部渐窄，质硬，基部上面具柔毛。圆锥花序稠密，第一外稃卵状披针形，第二外稃与其内稃近相等，卵圆形，顶端具齿裂及纤毛；花柱细长，紫黑色。颖果椭圆形。花果期4～6月。黄河三角洲地区均有分布，生于低山带平原河岸草地、沙质草甸、荒漠与海滨。根茎具有凉血止血、清热通淋功效。

295 互花米草　*Spartina alterniflora* Lois.

米草属。多年生直立草本，秆直立。叶鞘大多长于节间，无毛，叶片线形，两面无毛，中脉在上面不显著。穗状花序无毛；小穗单生，长卵状披针形，疏生短柔毛；第一颖草质，先端长渐尖，第二颖先端略钝；外稃草质，内稃膜质；花药黄色。颖果圆柱形。8~10月开花结果。黄河三角洲海岸带常见分布，生于潮水能经常到达的海滩沼泽中，是优良的海滨先锋植物，耐淹、耐盐、耐淤，在海滩上形成稠密的群落，有较好的促淤、消浪、保滩、护堤等作用。本种原产欧洲，我国曾经在沿海引种栽培，现多作为杂草清除。

296 矛叶荩草　*Arthraxon prionodes* (Steud.) Dandy.

荩草属。多年生草本。秆较坚硬，高40~60cm，常分枝，具多节；节着地易生根，节上无毛或生短毛。叶片披针形至卵状披针形，基部心脏形抱茎，边缘具疣基纤毛。总状花序2至数枚呈指状排列于枝顶，无柄小穗长圆状披针形，质较硬，背腹压扁，成对生于各节。颖果长圆形。花果期7~10月。分布于邹平南部山区，多生于山坡、旷野及沟边阴湿处。全草纤维质较少，是优良饲草。

297 黄背草 *Themeda japonica* (Willd.) Tanaka.

菅属。多年生簇生草本。秆高可达1.5m，圆形，光滑无毛，具光泽，实心。叶鞘紧裹秆，叶片线形，中脉显著，边缘略卷曲。大型伪圆锥花序多回复出，由具佛焰苞的总状花序组成，雄性，长圆状披针形，无柄小穗两性，纺锤状圆柱形，第一颖革质，第二颖与第一颖同质，第一外稃短于颖，第二外稃退化为芒的基部。颖果长圆形。花果期6～12月。邹平南部山区有分布，生于干燥山坡、草地、路旁、林缘等处。耐盐、耐旱，可在园林中用作观赏草，也可作为家畜的饲草。

3.4.68 香蒲科 Typhaceae

298 水烛 *Typha angustifolia* L.

香蒲属。多年生水生或沼生草本。根茎乳黄色。地上茎直立，粗壮，高1.5～2.5（～3）m。叶片呈海绵状，叶鞘抱茎。叶状苞片1～3枚，花后脱落；雌雄花序间相距2.5～6.9cm；雌花序长15～30cm，基部具1枚叶状苞片；雄花由3枚雄蕊合生。小坚果长椭圆形，无沟。花果期6～9月。黄河三角洲各地均有分布，生于湖泊、河流、池塘浅水处。花粉作为蒲黄入药，具有活血化瘀、止血镇痛、通淋的功效。

3.4.69　百合科 Liliaceae

299　攀援天门冬　*Asparagus brachyphyllus* Turcz.

天门冬属。攀缘草本。块根肉质，圆柱状。茎多曲折、匍匐，上部有凸纹，下部近乎平滑，叶状枝具软骨质齿，每4～10枚成簇，近扁圆柱形。花单性，雌雄异株，2～4朵腋生，黄绿色；花梗长3～6mm。浆果熟时红色，通常有4～5颗种子。花期5～6月，果期8月。无棣贝壳堤岛有野生分布，生于灌草丛中。块根入药，具有养阴润燥、清肺生津、滋肾的作用。

300　兴安天门冬　*Asparagus dauricus* Fish. ex Link.

天门冬属。直立草本，高30～70cm。茎和分枝有纵条纹，叶状枝1～6簇生，通常全部斜立，和分枝交成锐角。鳞片叶基部无刺。花每2朵腋生，黄绿色。浆果熟时红色。花期5～6月，果期7～9月。沾化、无棣等沿海贝壳堤岛上有分布，生于海滨沙地及沙石坡上。块根入药，有滋阴润燥、清火止咳的功效。

301 凤尾丝兰 *Yucca gloriosa* L.

丝兰属。常绿灌木，茎显著。叶片剑形，质坚硬，边缘无纤维状丝。顶生狭圆锥花序，花下垂，乳白色；花被片6，长圆形或卵状椭圆形，具突尖；雄蕊6，花丝扁，上部较宽厚且向外折，不伸出花冠外；雌蕊3心皮3室，柱头3裂，每个又2裂。果卵状长圆形。花期6~9月。各地普遍引种栽培，是良好的庭园观赏灌木。叶纤维韧性强，可供制缆绳用，也可作造纸纤维。

302 萱草 *Hemerocallis fulva* (L.) L.

萱草属。多年生草本，根近肉质，中下部有纺锤状膨大。叶一般较宽，条形，全缘。花茎粗壮，长于叶片；聚伞花序排列成圆锥状；花橘红色，早上开晚上凋谢，无香味；花冠钏状，下部连合成筒状，花被管长2~3.5cm。蒴果长圆形。花果期5~7月。萱草喜光，耐寒，耐干旱，黄河三角洲地区常见栽培，在深厚、肥沃、湿润、排水良好的沙质土壤上生长良好。根及根茎入药，有清热利湿、凉血止血、消肿止痛的功效。

3.4.70 石蒜科 Amaryllidaceae

303 **葱莲** *Zephyranthes candida* (Lindl.) Herb.

葱莲属。多年生草本。鳞茎卵形，具有明显的颈部。叶狭线形，肥厚，亮绿色。花茎中空；花单生于花茎顶端，下有带褐红色的佛焰苞状总苞，总苞片顶端2裂；花白色，外面常带淡红色；几无花被管；雄蕊6，长约为花被的1/2；花柱细长，柱头不明显3裂。蒴果近球形。花果期7～9月。原产南美洲，各地引种栽培供观赏，喜阳光充足，耐半阴，常用作花坛的镶边材料，也宜绿地丛植。

3.4.71 鸢尾科 Iridaceae

304 **鸢尾** *Iris tectorum* Maxim.

鸢尾属。多年生草本。根茎块状，淡黄色。叶片质薄，先端外弯呈镰刀形，无明显中脉。花茎与叶近于等长，上部二歧状分布；花蓝紫色，花被中脉上有不规则的鸡冠状附属物。蒴果长椭圆形或倒卵形。花期4～5月，果期6～8月。生于坡地、林缘或河边，黄河三角洲地区常见栽培，供观赏。根茎药用能清热解毒、消炎散结；鸢尾对氟化物较为敏感，亦可监测环境污染。

305 马蔺 *Iris lactea* Pall. var. *chinensis* (Fisch.) Koidz.

鸢尾属。多年生密丛草本。根茎短而粗,有多数坚韧须根。叶基生,基部残留有叶鞘纤维。花浅蓝色、蓝色或蓝紫色,花被上有黄色条纹。蒴果长椭圆状柱形。花期5~6月,果期6~9月。黄河三角洲地区偶见野生分布或常见栽培,生于山坡、路旁。根、花、种子可药用,有清热解毒的功效。

306 射干 *Belamcanda chinensis* (L.) DC.

射干属。多年生草本。块状根茎,黄色;须根多数,带黄色。茎直立。叶互生,嵌迭状排列,剑形,基部鞘状抱茎,顶端渐尖,无中脉。花序顶生,叉状分枝,花橙红色,散生紫褐色的斑点;花被裂片6,2轮排列。蒴果倒卵形,黄绿色,常残存有凋萎的花被;种子圆球形,黑紫色,有光泽。花期6~8月,果期7~9月。邹平南部山区有野生分布,生于林缘、山坡草地。根茎药用,能清热解毒、散结消炎。

参 考 文 献

陈汉斌，郑亦津，李法曾. 1992, 1997. 山东植物志：上、下卷. 青岛：青岛出版社.

高谦. 1978. 东北藓类植物志. 北京：科学出版社.

高谦，张光初. 1981. 东北苔类植物志. 北京：科学出版社.

贺士元，尹祖堂. 1984. 北京植物志（上、下册）. 北京：北京出版社.

李法曾. 2004. 山东植物精要. 北京：科学出版社.

李锡文. 1996. 中国种子植物区系统计分析. 云南植物研究，18（4）：363-384.

刘冰. 2009. 中国常见植物野外识别手册（山东册）. 北京：高等教育出版社.

刘冰，林秦文，李敏，等. 2018. 中国常见植物野外识别手册（北京册）. 北京：商务印书馆.

田家怡，贾文泽，窦洪云，等. 1999. 黄河三角洲生物多样性研究. 青岛：青岛出版社.

吴征镒，孙航，周折昆，等. 2005. 中国植物区系中的特有性及其起源和分化. 云南植物研究，27（6）：577-604.

中国科学院植物研究所. 1972—1976. 中国高等植物图鉴（1-5册）. 北京：科学出版社.

中国科学院植物研究所. 1979. 中国高等植物科属检索表. 北京：科学出版社.

中文名索引

拉丁名索引